鉄道を支える匠の技

訪ね歩いた、ものづくりの現場

青田　孝
Aota Takashi

交通新聞社新書 134

はじめに

鉄道は、さまざまな技術の結集があってはじめて動き、人そして貨物を安全に運ぶことができる。その鉄道を取り巻く技術の裾野は限りなく広い。誰もが知る日本を代表する企業から、従業員数十人で、ほとんど名も知られていない中小企業まで、それぞれがある専門分野で世界的にトップレベルの技術を持ち、そのひとつでも欠ければ、新幹線はもちろん、日々の通勤、買い物などで利用している在来線ですら、安全で快適な運行は不可能になることはあまり知られてはいない。

一般の人々に知られざる世界は、実は特殊な業界でもある。まず挙げられるのが市場の狭さだ。鉄道事業者はいわゆる鉄道に路面電車、モノレール、新交通システムなどを含めても日本全国で217社（国土交通省／2018年7月1日現在）。それらが発注する新造車両は、国土交通省、日本鉄道車輛工業会のデータによると、年間わずか2000両前後だ。同900万台以上生産される自動車とは、比べるのもばかばかしいほどの規模でしかない。車両以外のレールや軌道関連部品も限られる。さらに駅の数は全国で1万弱しかなく、券売機、自動改札、案内板なども年間の生産総数は推して知るべしだろう。勢いメーカーは絞られ、それぞれの市場占有率（シェア）は総じて高く、新規参入も簡単ではない。

さらに鉄道業界ならではの特殊な事情も。自動車の場合、メーカーである自動車会社を頂点に、部品メーカーが下請け、孫請け、ひ孫請けと、完全なるピラミッドを構成、自動車会社の意向は上から下へと流れていく。当然、部品一つひとつの価格、性能も頂点に立つ者が決定権を持つ。

しかし鉄道の場合は少々事情が異なる。頂点に君臨するのは車両メーカーではない。実際に車両を運用する鉄道事業者、ふだん我々が利用している鉄道会社だ。そこが車両メーカーに車両の用途、性能などの大枠を発注、それに伴うパンタグラフ、台車とその周りの駆動機器から、モーター、さらには空調機、座席のモケットまで、各種部品は、車両を実際に運用する鉄道事業者が発注する。メーカーは事業者が決めた部品を正確に組み込むことが最大の仕事になる。

なぜこれほど異なるのか。自動車は顧客が購入した製品の最終的な責任は自動車会社にある。これに対し、鉄道は、乗客に対するすべての責任は、あくまでも事業者にある。これを踏まえ、自らの路線を安全で快適に運行するための車両はなにかを考えるのは、運営する会社にしかできないからだ。

さらにＪＲ各社はもちろん、都市圏を走る大手私鉄などは、車両の保守・管理から、線路、架線などのメンテナンスまで、自らの手で行っている。要は車両に限らず、必要とするすべての機器は、引き取った時点から、原則、事業者が自前で処理する。そのために生じた構図でもある。

このおかげで鉄道事業者は、自分たちが使う車両を自らの手で設計し、自分たちが使いやすい車両を手にできる。その半面、鉄道事業者が個別に設計し、発注するため、一度に製作する数は極めて少ない。最小は1両から多くても100の単位だ。全部合わせても年間2000両足らずの新造車両の中身はさらに細分化され、自動車のような流れ作業は夢のまた夢で、一つひとつがほぼ手づくりの世界になる。本文中で紹介する、山下工業所もしかり。新幹線の顔を製作するのに、自動車のように何万、何百万台と製造するならば、金型をつくり大量生産が可能になる。しかし新幹線は、1車種何十編成の世界だ。高価な金型をつくっていたのではとても採算がとれない。そこから生まれたのが叩きだしの技術だ。

このほか、鉄道関連の製品は車両関係に限らず、線路関係や、ホームドア、券売機、案内用サインボードなど、大半は多品種少量生産にならざるを得ない。その一つひとつの製品は当然部品も異なる。生産現場ではそのすべてを取りそろえなければならず、多いところでは1万点を突破。その管理だけでもかなりの手間を要する。

それでも各社は可能な限り、機械化できるところは機械化している。本文中に登場する清和工業は、溶接の自動化を試行錯誤の末に自らロボットを開発するなど、少ない生産個数のなかで、自動化できるところは自動化し、いかに経費を下げていくかを常に考えている。これは本書に登場するすべての会社に課せられた課題でもある。

しかし手づくりが主流の世界は悪いことばかりではない。流れ作業とは異なる、手づくりはまた、「技」がなければ対応できない。さらに、職人を育てる格好の場ともなる。「技」は先輩から後輩へ、その昔は「技術を盗め」といわれるほど厳しい世界だったが、昨今の先輩はやさしく、どこでも手取り足取りで技術を伝承、鉄道の明日を担う若者が育っている。また企業によっては若手を積極的に現場で活用、それぞれの職場にベテランをさりげなく配置し、その進歩を見守るところもある。

さらに蓄積された「技」が、国内はもとより海外などでも、人を育て、技術の伝承に一役買っている例は本文中でもみられる。

人を育て、小さなパイをときには奪い合い、ときには分け合って、生存競争に勝ち残り続けているこの業界で、いまいかに対応するかが問われているのが国際化の波だろう。1964（昭和39）年、世界に先駆け高速鉄道、それも電車による新幹線を現実のものとし、世界的な鉄道復権の礎となってから50年余。他の鉄道先進国同様、鉄道は成熟化し、これ以上の伸びは見込めないのが実情だ。勢い目は発展途上国へ注がれる。しかし、進出するのは簡単ではない。

周りを海に囲まれた島国の鉄道はもともと国際性に乏しい。ヨーロッパのように2、3時間走れば国境が迫るのとは異なり、島のなかだけで完結している鉄道は、独自に進化した「ガラパゴス」でもある。鉄道産業の裾野を形づくる関連会社もこれまでは、国内の鉄道事業者だけを見据えていれば、事業は成り立ってきた。

それでも台湾、中国の新幹線では、日本の技術が導入され、さらには日立製作所がイギリスの都市間高速鉄道計画（ＩＥＰ）向けの車両を、送り出している。最近は車両本体の輸出は減少しつつも、車両を構成する各部品は遠く海外まで輸出されているなど、この業界にも、国際化の波は確実に押し寄せつつある。それはまた、日本の鉄道技術が国際的に認められている証でもある。

ある中国経済の専門家によると、いまや中国のものづくりは世界一で、かつての「安かろう、悪かろう」の時代はとっくに卒業し、自動車、鉄道車両などの製作技術は世界のトップレベルだという。しかし、同専門家は「それも、組み立て、アセンブラーの技術にとどまり、日本に比べ圧倒的に不足しているのが部品メーカーだ。今後育てるのに50年はかかるだろう」という。要はものづくりの裾野が育っていないということなのだろう。

現にＪＯＲＳＡ（日本鉄道システム輸出組合）の２０１７年の統計をみると、日本から中国への鉄道関連商品の輸出額は４・６億ドル（約５０６億円）にもおよぶ。このなかに完成された車両は1台も含まれていない。電子関連などを中心とした部品ばかりだ。

アメリカもしかり。一般的にアメリカに工業製品を輸出する場合、現地生産もしくは、同国産の部品を使うよう強く求められる。しかし鉄道車両メーカーの関係者は「現地の部品メーカーを探すのが大変だ」と言う。こちらが望むレベルの部品が、なかなか手に入らないからだ。「現地のメーカーではできない、と証明できれば日本製を使えるが、それを証明するのが一苦労」なのが現状のようだ。これは、言い換えれば、日本の鉄道関連製品の生産体制がいかに整っているかを物語っていることでもある。

これからも、インドの高速鉄道をはじめ、日本の鉄道技術が海を渡る機会はさらに増える。当然、車両などは中国の例を引くまでもなく、現地生産が原則となるだろう。その際に、日本の部品メーカーはどうするのか。現地へ進出するのか。部品メーカーならずとも注目されるところだ。

昨今、日本のものづくりを危惧する声も多い。また一般の人が、ものづくりの現場に接する機会も減ってきている。たとえば最も身近な住宅づくりもプレハブ化し、工程の多くが工場内に移り、建築現場からは、かんなやノコギリの音が消えて久しい。さらに畳屋さん、左官屋さんもほとんど目にしなくなるなど、日常、職人を目の当たりにする機会が減ってきた。しかしこの本のなかでは、まだまだ日本の「匠の技」は健在だ。登場する20社は、ともすれば成熟期にある鉄道そのものを改革すべく、日々研鑽を重ね、それを日本の、そして世界の鉄道に反映させるべく努力している。

鉄道を支える匠の技――目次

序章

世界的な鉄道復権の礎となった新幹線。０系からはじまり最新のＮ７００Ｓまで、さまざま車両が開発され、それぞれが個性豊かな顔を持つ。その先頭部分の多くは、１本のハンマーから叩きだされている。多品種少量生産ゆえの手作業だが、そこにものづくりの原点がある。

ハンマーひとつで叩きだす、新幹線の「顔」

㈱山下工業所

瀬戸内海に面した山口県下松市。温暖な気候に恵まれた同市はまた、日立製作所を中心とする「鉄道のまち」でもある。駅前には「新幹線が生まれる街　下松へようこそ！」と書かれた看板があり、訪れる人を歓迎する。その日立製作所と道を挟んで建つ工場の一角から、ハンマーで板金を叩く、リズミカルな響きが聞こえてくる。ここが創業以来半世紀、新幹線の顔ともいえる先頭部分、専門用語で「おでこ」と呼ばれる部位を文字どおり、叩きだしてきた山下工業所の本社だ。

専門家も注目する、手加減だけでつくり出す曲面

「打出し板金」と呼ばれる技術は、人の手で持てる大きさの各種ハンマーでひたすら叩き、鉄やアルミ合金の板を伸び縮みさせ、複雑な曲線や三次元自由曲面をつくり出す成型法だ。

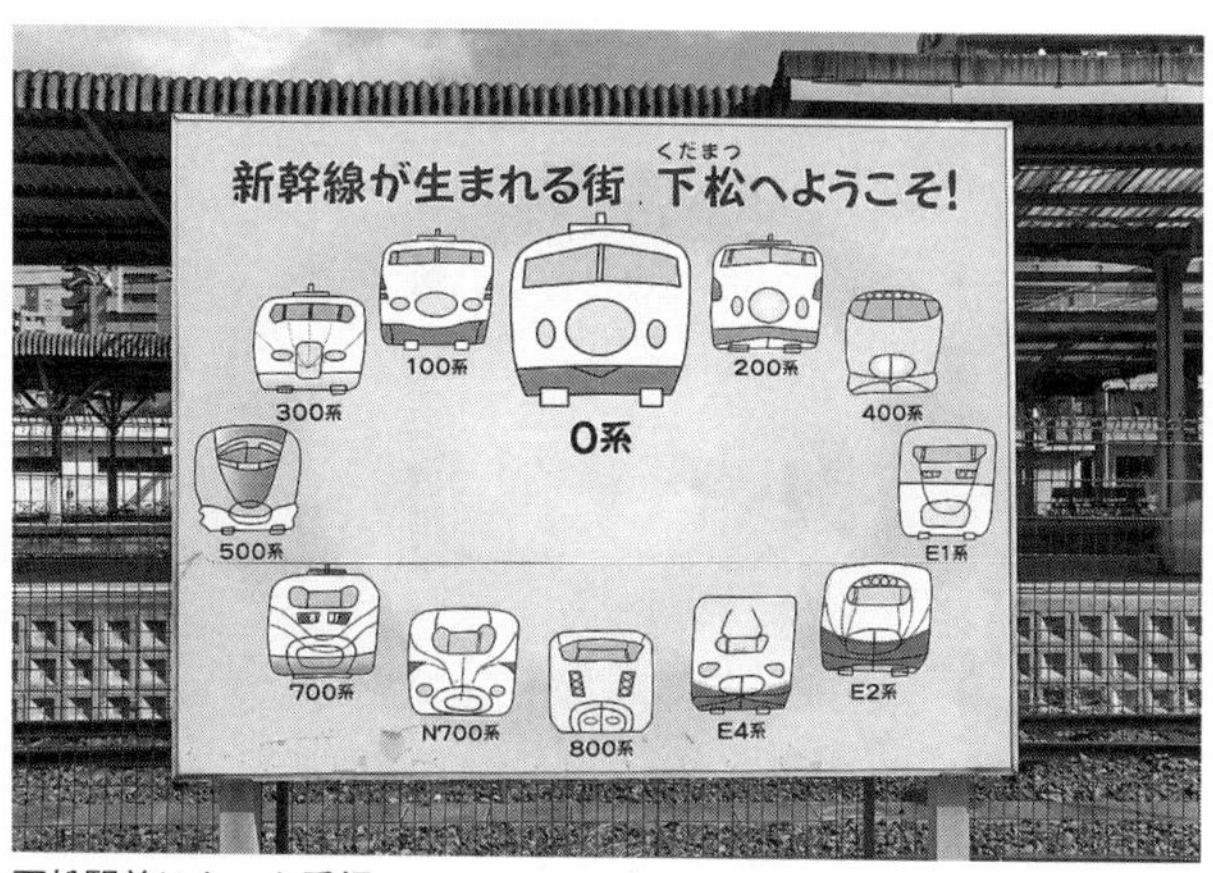

下松駅前にあった看板

プレスで成型するのとは違い、専用の金型を必要としないのが最大の特徴で、鉄道車両のように多品種少量生産には不可欠な工法だ。

工場内に一歩足を踏み入れる。中央に恐竜を思わせる新幹線車両の先頭部分の骨組みがでんと置かれている。その傍らには金床と呼ばれる平らな鉄の台の上でアルミ合金の平板をひたすら叩く職人が。槌音とともに板は少しずつ弧を描くように曲がっていく。ある程度形ができたところで、骨組みの該当部分に当てはめる。骨組みの曲がりとぴったり合うまで、数百、数千回と叩き続ける。

自動車部品などでもこの打出し板金技術は使われている。通常は曲げたい曲線に合った凸面、たとえば球形なら玉を半分に割ったような脹ら

骨組みにぴったり合う曲面をつくり出すのは手の感覚が頼り
（山下工業所提供）

各種ハンマーを使い分ける

みのある金床の上で平板を叩き形をつくる。しかし「匠の技」はまったく平らな金床の上で、手加減だけで曲面をつくっていく。同社の山下竜登（たつと）社長は「塑性加工の研究者からも珍しいと聞いている」。その言葉どおりの極めて特殊な技術のようだ。

機械化はできないのか。この問いには「自動車や家電製品に比べ生産量が桁違いに少ない。1車種で30編成程度がせいぜい。これをプレスでやれば大物だけに金型が何個も必要になり、とても採算が合わない」。さらに「急ぎの飛び込みの仕事などは、金型の心配をしているより、ベテランの職人が叩きだした方がはるかに早い」とも。

では機械化とは無縁なのか。否だ。創業当時は鉄板を大まかに曲げるのは土嚢（どのう）と杵が主役だった。土嚢の上に鉄板を置き、杵で何度も叩く。それをいまでは13台並ぶ成型加工機・クラフトフォーマーに任せている。ちなみに13台も持つのは「製造元によると世界第3位という」（山下社長）。1位がロシアの軍需産業、2位がヨーロッパの航空機メーカーであるエアバス・インダストリーだ。このほかにも板の切断にレーザー加工機を導入するなど「機械に任せられるところは極力機械化してきた」（同）が、いつの時代も基本はひたすら叩くことにある。

木のハンマーで叩きだし、新幹線の「おでこ」を成型する（山下工業所提供）

これら匠の技の生い立ちは、新幹線の歴史と重なる。東海道新幹線開通の1年前。1963（昭和38）年9月に現社長の父、山下清登氏が創業した山下組が山下工業所の前身だ。

戦後の物不足が育んだ「打出し板金」の技術

1935年に9人兄弟の末っ子として生まれた清登氏の父親は、桶や籠をつくる腕の良い職人だった。しかし清登氏が4歳のとき他界。そのため中学校卒業と同時に、下松市内の自動車修理工場に丁稚奉公に出る。戦後間もない当時はオート三輪が主体で、乗用車はいわゆる外車がほとんどだった。しかし道が悪く、車は溝に落ちたり、ボンネットがへこんだりと事故も多かった。物資のない時代、簡単に外国から部品を取り寄せるというわけにはいかない。「打出し板金」の技術はここから育まれていった。この工場は当時、蒸気機関車が主流だった日立製作所の下請けでもあり、さまざまな板金部品を請け負っていた。そのなかには煙突の後ろにあるラクダのこぶのような高圧蒸気溜めの製作も。板金4枚から叩きだし、溶接する方法でつくり出した。しかし清登さんが23歳のとき、折からの不況で廃業。清登氏はその腕前を買われ、日立製作所の工場に出入りする職人になり、ボンネット型の特急車両の製作などに従事した。そこに一大転機が訪れる。1961年、それまで

1961年、日立製作所の工場にて新幹線の試験車両1000形の先頭部分を製造中の山下清登前社長(写真左)
(山下工業所提供)

製造中の先頭構体(山下工業所提供)

の実績を買われ、新幹線の試験車両1000形の先頭部分を任される。渡された図面には「見たこともない流線型」が描かれていた。清登氏は仲間を集め、寝食を忘れてひたすら叩き続け、苦労の末に完成させた。

1963年4月、いまは同社取締役の悦子さんと結婚。同年9月、1000形の経験をもとに日立製作所の全面的な支援を受けて山下組を創業。はじめての仕事は量産型0系新幹線12両の「おでこ」だった。しかしあまりの重労働に仲間が次々に辞めていく。そのつど人員を補充しては指導を繰り返す。東京まで逃げた若手を連れ戻しに行ったこともある。以来、新幹線だけでも試験車などを含め18種約４００両の「おでこ」を製作。さらにリニアモーターカーの宮崎実験線での試験車両、ＪＲ各社の流線型特急車両の先頭部分のほか、台湾新幹線、さらにはシンガポールやドバイのモノレールなど、その技術は海の向こうにまで達している。

　打出し板金はまた、納期との戦いでもある。新幹線１両の先頭部分をつくるのに与えられた時間は１０００形で3カ月。それが2カ月、１カ月と短縮され、いまは2週間。それまでに何が何でも仕上げなければならない。作業はストレスを伴い、その延長線上に病があった。２０００年には清登氏と、工場長が同じ日に倒れたことも。さらに２００６年には清登氏の病気が再発。経営の先行きに暗雲が立ちこめる。そこで竜登氏が役員に就くことに。竜登氏は大学を卒業と同時に金融機関に勤め、イギリス、オランダ、オーストラリアと海外勤務も長い。しかし実家の危急を聞き同年に帰国、翌年、42歳にして経営陣の一角を占める。最初の仕事は人員探しだった。

会社の存在を世に知らしめた、アルミ製のチェロ

　当時、「10代、20代の社員はゼロ。日立さんなどからも『お宅の技術は確かだが、5年後、10年後はどうなるの』と危惧されていた」という。

人集めは当初から大きな壁にぶち当たる。採用以前に応募者がいない。会社の存在はもちろん、打出し板金の技術もまったく知られていなかった。それでも高校をはじめ、ハローワーク、県の就職支援センターなど多方面に出向き、仕事内容を説明し続けた。そんなとき、ある学校の先生のひとことが転機となった。

「これからはロボットがものをつくる時代。手仕事には未来がない。ただ叩くなど落ちこぼれのやる仕事。日本に残るような仕事ではない」。竜登氏はこの不当な評価に静かな怒りを覚えた。

「我が社の仕事は知られていないが社会に役立っているのは明らかで、社員は一生懸命に取り組んでいる。ここはまず打出し板金の存在と真価を知らしめること」と改めて決意。それにはどうするか。世間があっというものをつくろう。それは何なのか。「ハイヒール、果物、花、傘、サンダーバード2号などなど、3次元曲面を持つ品々を書き出しては消していった」。最後に残ったのが弦楽器。清登氏もクラシック音楽が好きで、さらに竜登氏の夫人のまどかさんはチェロを習っていた。そんな環境のなか、知人のバイオリニストの仲介でアメリカの博物館（ナショナル・ミュージック・ミュージアム）から、現存する最古のチェロ「ザ・キング」の寸法測定図を入手した。しかし多忙で製作までには至らなかっ

アルミ合金製のバイオリンを手にする山下竜登社長

山下工業所

た。

２００７年に「ものづくり日本大賞特別賞」を受賞する。東京で行われる展示会への出品要請を受けたのを機に、アルミ合金製のチェロを2週間でつくり上げた。これが下松市の広報誌で取り上げられて起爆剤となり、地元のテレビ、新聞が報道し、以降、さまざまな媒体からの取材や見学依頼を受けた。同じ頃、熟練社員２人が相次いで国が卓越技術者と認める「現代の名工」に認定され、打出し板金の技は世に知られるようになっていった。

叩く姿で決まる、入社試験の合否

人員募集にも劇的な変化が。それまで笛吹けど踊らなかったが、２００８年は20人が応募。

3人の新人を採用した。入社試験は厳しい。理屈は抜き。実際に板を叩いてもらう。その姿を現代の名工が見て、「これはいける」と思った人を採用している。

現在40人いる社員の年齢構成は70代4人、60代6人、50代6人、40代9人、30代5人、20代7人、10代3人と極めてバランスが取れている。新人の育成も理屈抜き。「現場に出て、現代の名工の叩き方を見て、自ら身に付けてもらうしか方法はない」(山下社長)。

同社は鉄道車両に加え、半導体製造装置に組み込まれる薄板板金部品の製造も手掛けている。山下社長は「職人技を先々まで残せる仕組みをつくるのが私の最大の使命。先人たちが苦労しながらつないできた技能を、絶やすわけにはいかない」と未来を見据える。

この地の松に大きな星が降ってきたという伝説から「星が降(くだ)った松」が「降り松」と略され、「下松」になったという。そんな地で現代の名工が振り下ろすハンマーが新幹線のいま、そして未来を支えている。

㈱山下工業所

創立年　1963年9月
資本金　2,000万円
売上高　4億円
代表取締役社長　山下竜登
従業員数　40人
※『JRガゼット』2017年4月号掲載時

第一章 快適

座席のモケット、中長距離列車には不可欠のトイレ、そして空調装置。鉄道を利用するために、なくてはならないものばかりだ。快適な空間をつくるために、明治の昔から脈々と受け継がれてきた技術に、新たな技を加える、まさに1＋1から3を生み出す努力が続いている。

真空式トイレ、切磋琢磨でより快適に

㈱五光製作所

生活に欠かせないトイレ。鉄道車両もしかり。中長距離を走る車両には必ず設置されている。その昔、「臭い、汚い、苦しい」の3Kで嫌われたところも、技術の進歩で悪いイメージも払拭されつつある。その進化の過程で車両用のトイレの技術は大きく2つに分かれている。そのうちの真空式トイレで7割という高いシェアを誇るのが、五光製作所（本社・東京）だ。

きっかけは、東名・名神の高速バス

一口にトイレといっても家庭用から業務用まで幅広い。では、標準的4人家族でどのぐらい使うのか。メーカーなどによると1日に20回、1年で7300回程度という。では列車は？　走る距離にもよるが平均的に1日100回、1年間に300日運用されるとすると、トイレは約3万回も使われることになる。それでも1872（明治5）年の新橋～横浜間開業後、しばらくは設置されていなかった。乗客は止むに止まれず窓から……で、高額の罰金を取られたという逸話も残る。最初に設置されたのは1876年に製作された、後の1号御料車でその名も「御厠」。その後、一般旅客向けに設けられたのは『日本国有鉄道百年史』によると、1889年の東海道本線の全線開通時という。しかし、それ以前に北海道の幌内鉄道、関西と九州を結ぶ山陽鉄道などにも設置されていたようだ。

処理方式も大きく変遷。当初の垂れ流しにはじまり、汚物を列車内の便槽に溜める貯留式などを経て、循環式へと進化する。

1948（昭和23）年にバスの車体の部品を製造する目的で、設立された五光製作所がトイレを製造するきっかけは、日本初の本格的高速道路の名神の開通だった。国鉄は同高速を使い高速バスの運行を開始。長距離を走ることから車内にトイレの設置を考え、五光製作所へ発注。同社は1964（昭和39）年、東京オリンピックに国中が沸くなか、はじめて乗り物用の「循環式トイレ」を世に送り出した。この実績が認められ1967（昭和42）年、新幹線の0系車両に採用される。新幹線のトイレは同社製を採用する以前は貯留式が主流だった。しかし、溜めるだけでは汚物をはじめ洗浄水や手洗いの水で車載のタン

便器は一つひとつ手作業で組み立てられる

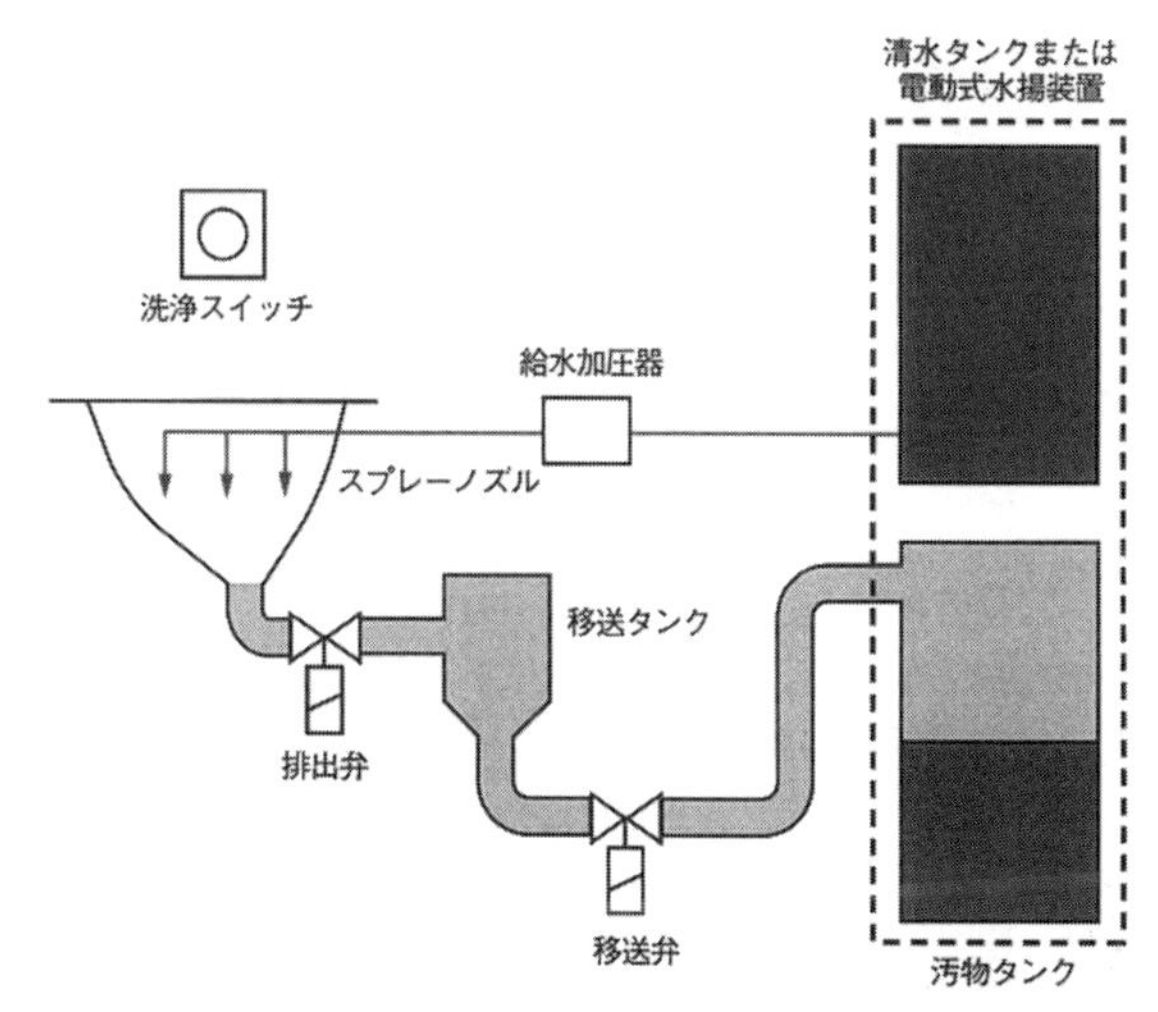

真空式トイレの系統図

クはすぐ満杯になる。当時は東京〜新大阪間を1往復するたびに抜き取りが必要だった。

循環式は、列車の下部にタンクを設置するまでは同じだが溜めるのは汚物だけ。水は濾過し薬品で消毒し循環させる。しかし循環を繰り返すと水はにごり、臭いが付くなどの課題も山積していた。

そんななか、同業他社が使用する水の量を減らし循環させずに、重力と水圧だけで汚物を便槽に落とす「清水空圧方式」を開発。300系新幹線のトイレは同方式が独占。五光は苦境に立たされる。立ち直りのきっかけは海外からの話だった。

世界中で乗り物用のトイレを製造するＥＶＡＣ社（ドイツ）は真空式トイレを開発。同システムの日本への進出を目論んでいた。１９９１（平成３）年に五光の本社を訪れる。五光はこれを好機ととらえ、ＥＶＡＣ社と技術提携を交わし、日本ではじめて真空式トイレシステムの製造・販売を開始。翌１９９２年にＪＲ九州の７８７系特急「つばめ」に鉄道車両としてははじめて採用される。その後、新幹線にも進出。５００系を皮切りに、７００系、８００系、Ｎ７００系、Ｎ７００Ａと新幹線だけをとればシェアは８割に達するまでに。

弁の改良で生まれる、詰まらない便器

同システムは便器と便槽を結ぶパイプの途中に2つの弁（バルブ）を設け、弁と弁の間を真空にする。トイレの使用者がボタンを押すと、手前の弁が開き、汚物は一気に吸い込まれる。次に手前の弁を閉め、真空だった部分に逆に空圧をかけ汚物を便槽に落とし込む。東海道新幹線のトイレで水を流すボタンを押すと、一瞬の間をおいたあとに、「プッシュ」という大きな音とともに汚物が吸い込まれていくのを体験した人は多いのでは。

その真空式、乗客から見えるところはいまも昔もあまり変わらないが、弁から先は詰ま

りをより少なくするなどの目的から、何度も改良されている。同方式は便器と便槽が離れていても稼動するため、当初は1車両に複数トイレがあっても便槽はひとつだった。これをトイレ1カ所にひとつの便槽に。さらに細かいところの改良も。たとえば弁。最初の機器では丸い円盤が回転するディスク形式だった。しかし、これでは場所を取るうえ、弁とハウジングの間にすき間が多い。そのため両社は、これを解消するには板が前後にスライドする方式が有利であることを突き止めた。ディスク方式に比べ、スライド式は弁とハウジングのすき間が少ないためトイレットペーパーなどが詰まりにくい。さらに弁の開閉時に空気を送り込みエアカーテンをつくることで、ほとんど詰まらない装置になり、弁自体の故障回数も劇的に減らすことに成功している。五光は日本の鉄道会社に対しては、スライド弁がいかに詰まりを少なくするか、実際に詰まりを再現させるなどして仕組みを明快に説明、採用へと導いていった。

真空式の最大の特長は使用する水が循環式に比べ少ないことにある。しかし水は必要だ。さらに寝台特急285系「サンライズ瀬戸・出雲」のトイレ・シャワー付きの個室A寝台など、サービスの向上でトイレの数も増え、同時に水の使用量も増加傾向にある。その分、車両に溜めなければならない。そこでも五光の技が光る。

一体型電動式水揚装置のポンプ組付け作業

車両で使われる清水は、基本的には床下のタンクに溜められる。これを床上まで導くにはポンプが必要だ。従来はポンプとタンクは別々に付けられていた。これを同社は一体化。従来、車両メーカーは車両設計時に水槽、ポンプそれぞれの取り付け場所を考えなければならなかった。五光の一体型電動式水揚装置は、これらすべてを1カ所にまとめ、同時に場所の節約にも貢献している。

1＋1を3にする「技」

鉄道車両は当然のことながら、運行と安全に関する機器の取り付けが最優先される。トイレそのものの場所は設計段階で決まるが、水槽は床下の空いた空間を探すことになる。さらに鉄道車両には厳格な車両限界があるため大きさも限られる。しかし使う水は増える。その極みがＪＲ九州の「ななつ星in九州」を嚆矢とする豪華列車だ。トイレはもちろん、シャワー、さらにＪＲ西日本の「TWILIGHT EXPRESS 瑞風」、ＪＲ東日本の「TRAIN SUITE 四季島」には風呂も付く。また食堂車も併結されているため、使う水は通常の車両と比較にならないほどの量になる。このため水槽も床下から床中、天井裏まで空いたところを活用。その水槽は車庫を出発時、すべてを満杯にしなければならない。しかし水槽

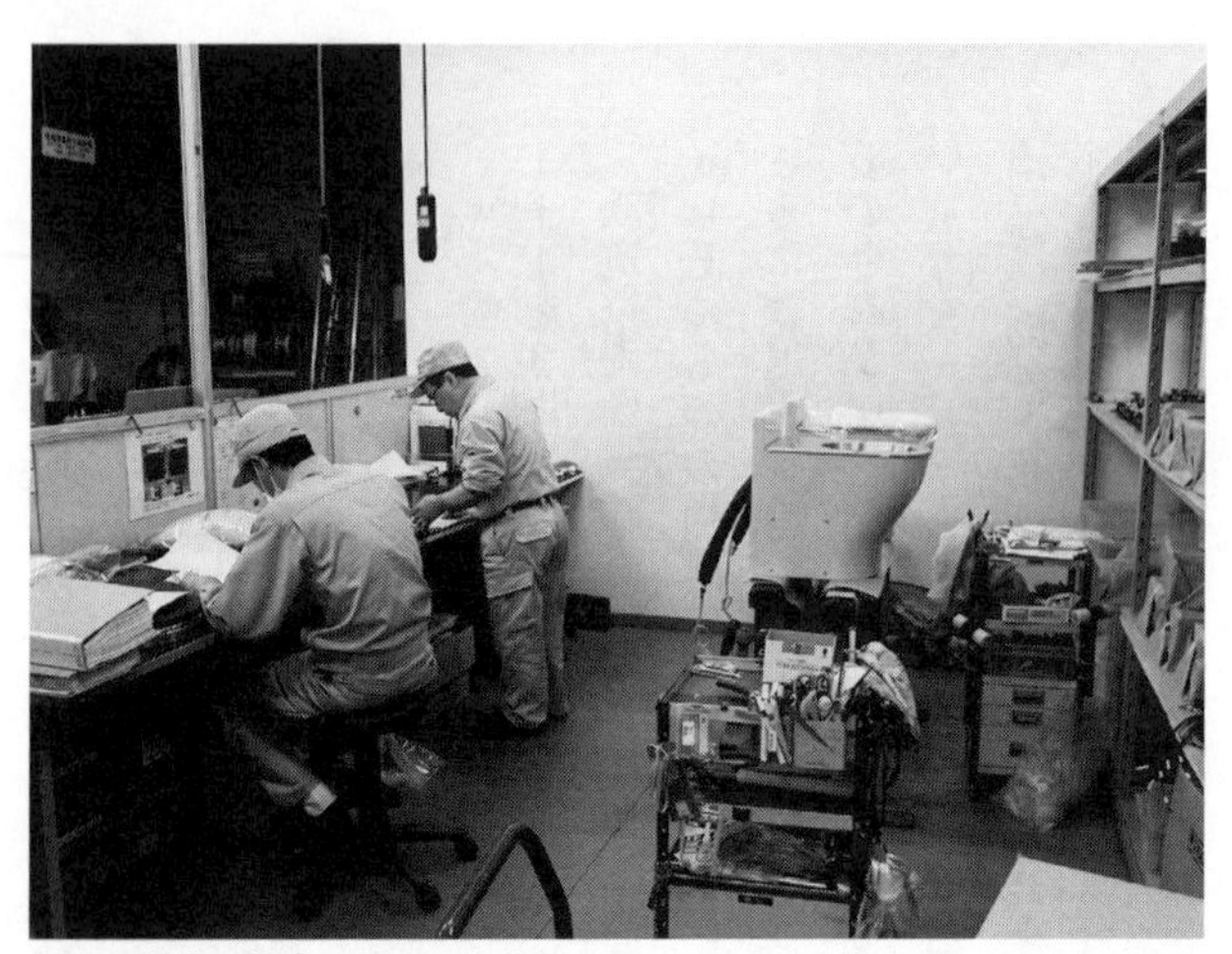

製品は厳密な検査のあとに出荷される

五光製作所山口工場にて出荷を待つ汚物槽

のなかに空気があれば水は入らない。そこで五光は給水時になかの空気を抜く弁を付けることでこの問題を解決。結局、すべての豪華列車でのトイレ、水槽など、水回りの独占的な受注に成功している。

同社は鉄道のほか、創業時から付き合いがあるバス、さらには巡視船、護衛艦などの官公庁船を中心にトイレから汚水処理装置まで手掛けている。

そのなかで、鉄道のトイレは厳しい競争が続けられている。JR東日本は使用時のコストが低いなどの理由から新幹線の新造車両、E5、E6、E7系には「清水空圧方式」を採用。これからも新造車両が投入されるたびに、同業他社との切磋琢磨は続いていく。

同社の橋本更（こう）社長は「我が社は自慢するほどの『匠の技』はない」と謙遜するも、「ちょうど、料理人がいくつかの素材を活かして料理をつくるのと同様、すでにあるものと、あるものを組み合わせ、新たな製品をつくることを得意としている」とも。1＋1が2ではなく3を生み出す「技」がここにある。

㈱五光製作所

創立年　1948年9月
資本金　1億2,000万円
売上高　38億円
代表取締役社長　橋本　更
従業員数　135人
※『JRガゼット』2017年6月号掲載時

快適な「座り」を求め、古きを継承し、新しきを探る

住江織物㈱

鉄道を利用する人々にとって最もなじみ深いもののひとつに座席がある。その張地はモケットと呼ばれる肌触りが滑らかな生地が一般的だ。その歴史は古く、日本では鉄道の開業時から使われていた。当初は輸入されたものばかりだったが、明治の中頃に国産化に挑んだ企業がある。以来130年余にわたり改良を続け、国会議事堂の赤絨毯、そして伊勢神宮の御装束神宝（おんしょうぞくしんぽう）に供せられる織物も手掛けるなど、その製品は広く世のなかに浸透。鉄道では常に5割以上のシェアを占めてきたのが、住江織物だ。

副業から生まれた日本初のモケット

時代を遡ること1世紀半。1872（明治5）年、新橋～横浜間で開業した日本の鉄道はその後路線を伸ばし、1889年には新橋～神戸間の東海道本線が開通している。当時

の客車は上・中・下の3段階に区別され、上等車、中等車それぞれの座席には輸入モケットが使用されていた。それ以外でも開業当時ほとんどが輸入品で占められていた鉄道車両も、徐々に国産化が進み、モケットも「国産化すべし」の声が大きくなった。それを受けたのが大阪の住吉村（現・大阪市住吉区）の住江織物の前身、「村田工場」だった。

同工場の創始者、村田伝七氏は同村で米穀商を営んでいた。本業の傍ら緞通（絨毯の一種）の製造に挑戦する。緞通は江戸時代に中国から輸入され、堺から大阪・住吉地区などで農家や商家の副業として製造を営む家々が多かった。村田氏は研究熱心で技術の探求を怠らず、副業もいつしか本業となり、1890（明治23）年に機械織りでは最高級であるイギリスのウィルトンカーペットを模した日本初の絨毯の製造に成功する。翌年には帝国議会議事堂開設に合わせ絨毯を納入。以後、現在の国会議事堂の赤絨毯や本会議場の議員が座るいすの張地などを納入し続けている。

当時のモケットは「輪奈モケット」と呼ばれ、すべて手織りの極めて高級品だった。村田氏は1899（明治32）年、輪奈モケットを鉄道局に納入する。その後、大阪市電に「澪標柄」市紋が、京都市電にも市章入りがそれぞれ採用される。さらに1908（明治41）年、南海鉄道（現・南海電気鉄道）が同社の社紋を散らした輪奈モケットを採用。こ

モケットの模型。黄色地の布に青いパイル糸が起立する

れがきっかけとなり、全国の交通機関や車両製造会社から社紋入りの注文が殺到。モケットメーカーとしての基礎が確立されていった。1913(大正2)年には、会社組織として住江織物が設立されている。

以後、鉄道車両の座席の張地なら住江織物といわれ、戦前の南満州鉄道(満鉄)の「あじあ号」、戦後、1964(昭和39)年に開業した東海道新幹線の0系車両ではともに座席のモケットに加えカーペット、カーテンも同社製が使われている。

鉄道車両の座席は木や鉄でできた骨格の上に、クッションと呼ばれる弾力に富んだものが置かれ、その上にモケットがある。モケットは芝生にたとえるとわかりやすい。通常の布地と同じ

モケット専門のジャガード織機。右の織機に向け左から3,200本のパイル糸が送り込まれる（萱野織物の工場にて）

経糸と緯糸の組み合わせで織られた布を地面とすれば、そこから芝が生えるようにパイルと呼ばれる糸が起立している。このため肌触りが滑らかで、地になる布に直接触れることが少ないので耐久性が高く、座席など使用条件が過酷なところでも長持ちする。汚れなどが地の布に染み込んでも、パイル糸があるため見えにくいなどの特長を持つ。さらに複数のパイル糸を織り込むことで、さまざまな模様をつけることもできる。「昔からこれに代わるものを、と探し続けているが結局、モケットに戻ってくる」（瀬戸貞弘車両内装資材事業部長）というほど、いまでは張地といえば、モケットだ。

　ではどのように織られているのか。同社の本社がある大阪市中央区南船場から南へ車で約1

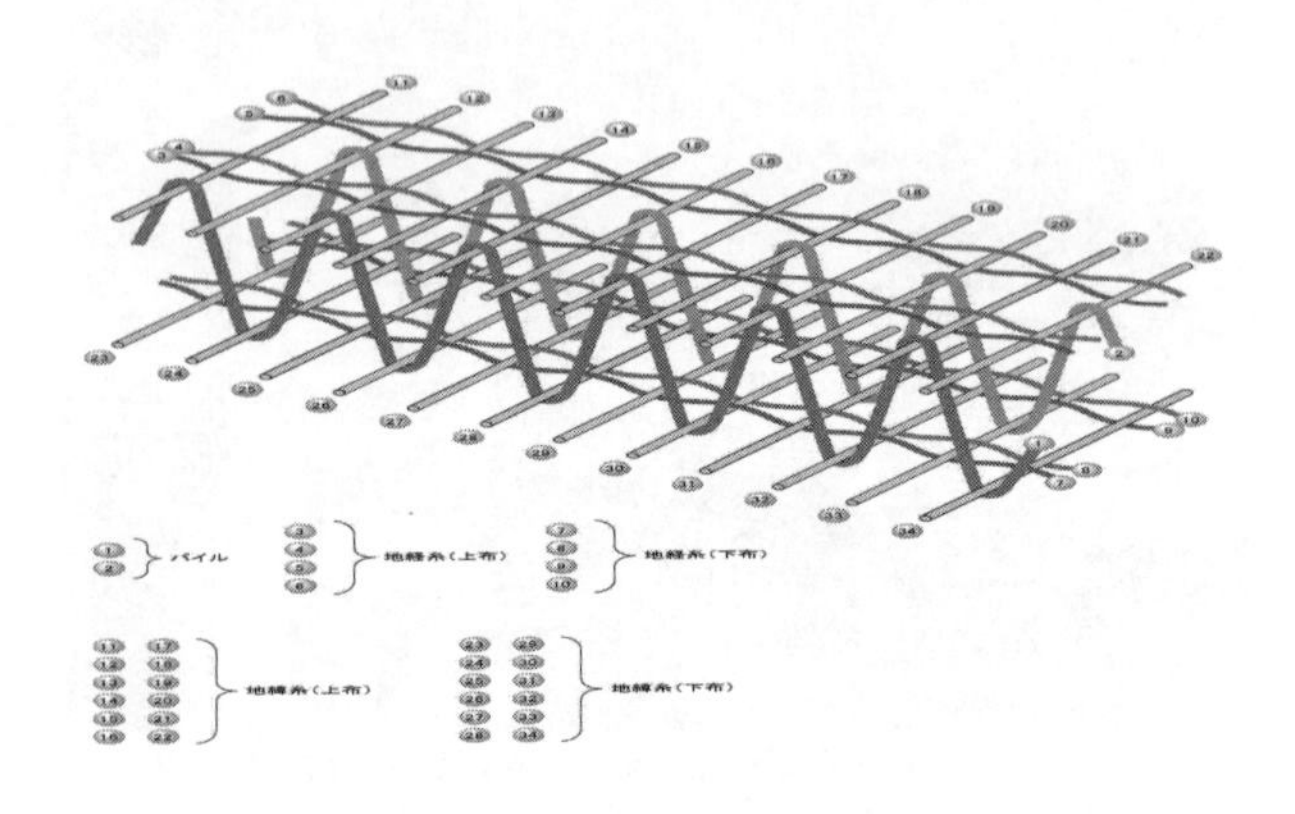

図　モケットの構造

時間半。南海電鉄高野線の学文路駅（和歌山県橋本市）近くの線路脇からカシャカシャと軽快な音が道路にまで響きわたる。同社の協力工場でモケットの製造を専門とする萱野織物（本社・同市、萱野裕敏社長）の工場だ。工場内に足を踏み入れると、ジャガード織機と呼ばれるモケット専門の織機がリズミカルな音を刻む。経糸を張り、その間に緯糸を織り込んでいくのは手動の織機とまったく一緒だ。しかし手動の織機が1枚の布を織るのに対し、モケットは数mmの間隔で上下2枚の布を同時に織る。上図のように上下2本の経糸にそれぞれの緯糸が絡む。その間をパイル糸が上下の緯糸の間を行き来する。織り上げた直後に2枚の布と布の間に刃物を入れることで、パイル糸が切断され、「芝」が生えたような生地が同時に2枚できる。前述の「輪奈モケット」は1枚の布にパイル糸をくぐらせたものだ。萱野織物でつくられているモケットはダブルモケットと呼ばれ、「輪奈モケット」は「シングルモケット」に属する。

モケット地は120cm幅が基本で、その長さのなかに、経糸が4280本、パイル糸が3200本織り込まれている。パイル糸は柄により複数の色糸で構成される。「量産品としてはこれまでの実績では12色が最大」（島津邦康車両内装資材事業部車両開発部デザイングループリーダー）で、「織り機での柄表現は輪郭がやや角ばった感じになる」（同）とも。

それぞれの鉄道会社の座席の模様は車種によって異なるなど個性豊かなものが多い。その数は現在、住江織物が扱うものだけで約300種類にもなる。それぞれ使われている車両が現役である限り、予備のモケットを在庫として保管していなければならない。その素材もアンゴラヤギの毛・モヘアや、羊の毛などを使う鉄道会社も一部にあるが、最近はほとんどがポリエステルの糸を使う。原料の一部は使用済みペットボトルからつくられるなど、環境にも配慮されている。

JR東日本の山手線E235系のクッションとモケット

使用後の回収、再正も見据えた新商品の開発

次にモケットの下、座り心地を決めるクッションだ。現在はポリエステルが多く使われている。従来はポリウレタンがほとんどだったが、韓国の地下鉄火災で一変する。

韓国の大邱(テグ)市で2003年2月、192人が死亡する地下鉄電車への放火事件で座席のポリウレタンが燃え有毒ガスが発生した。このため、万が一燃えても、水と二酸化炭素に分解されるポリエステルが注目されるようになる。同社はポリエステル製のシートクッション材「スミキューブ」を開発。有毒ガスが発生しない安全な素材を使用し、使用後の回収、再正する技術もあわせて確立することで、産業廃棄物ゼロを目指す。

北陸新幹線のE7系・W7系の座席も住江織物が手掛けている

ポリウレタンはもともと柔らかい素材だが、ポリエステルは基本的には硬い。そのためクッション材として使用する場合は、それぞれの鉄道会社の求めに応じポリエステルの密度に変化を持たせるなどして好みの硬さに調整する。一般的には観光用の特急車両などは柔らかく、通勤車両は硬めだ。しかし鉄道各社によって座席の硬さは微妙に異なり、一概には言い切れないという。

さらにモケットとクッションを組み付ける方法にも技術の進歩が。従来の方式はモケットの裏側に接着剤を塗りクッションと接合していた。これに対し、2015年、JR東日本が山手線に導入したE235系では全面「マジックファスナー」を活用している。モケットの裏側が「マジックファスナー」のオス側を、「スミキューブ」の表面がメス側の役目を果たすことで、縫製が不要でかつ接着剤なしでも装着が可能になった。座席は新幹線では6年ごと、在来線の車両でも8年前後で行われる車両の全般検査にあわせてモケットもクッションも取り替えられる。接着剤を使わないため取り替える際などの着脱が簡単になったことに加え、座席としての役割を終えたあとも、ポリエステルの再正が容易になる。

消臭効果に太陽光発電、伝え続ける、技に織り込む新技術

同社と鉄道の関わりはいすの張地だけにとどまらない。カーテン、絨毯など内装材全体も手掛けている。さらに新たな技術も投入されている。そのひとつが消臭加工「トリプルフレッシュ」だ。もともとはホルムアルデヒドなど、シックハウス症候群対策として開発された。構成される物質は企業秘密で明らかにされていないが、この物質をカーテンなどの生地に加えることでホルムアルデヒドをはじめ、たばこの臭いや生活臭を化学的に水や二酸化炭素に分解。吸収した臭いを再放出することなく、消臭効果が持続するのが特長だ。「この消臭加工をモケットに施すと、即効性はないが、1日の運用を終えた車両が車庫に戻り、一晩経過すれば車内の異臭はかなりの程度解消される」(松田裕車両内装資材事業

部車両企画部長）という。

２０１６年には太陽光発電ができる繊維を開発。具体的な使用方法などはこれからだが、たとえば鉄道車両のカーテンなどでの活用も考えられる。

同社の製品は、鉄道以外の多くのところでも使われている。１９５３（昭和28）年からは、20年に一度の大祭、伊勢神宮の式年遷宮で用いられる御装束神宝の神の衣服や正殿の装飾などに用いられる織物を納め、さらに身近なところでは自動車も。戦前、まだアメリカの自動車メーカーが日本で組立生産していた頃、すでに自動車のカーペット、座席のモケットを納入。１９５８年には国産車へも同社製のモケットが使われるようになった。

明治から続く国会の赤絨毯から、平成の最新技術まで、古きを継承し、新しきを探る。ここに脈々と受け継がれてきた「匠の技」がある。

住江織物㈱

創業年　1883年
資本金　95億5,400万円
売上高　960億3,800万円（連結）
代表取締役　吉川一三
従業員数　243人（連結2,830人）
※『JRガゼット』2017年10月号掲載時

木工からアルミへ、70年の歴史が培う、鉄道車両の軽量化

弘木工業㈱

高速化に伴い、より軽量化が求められる鉄道車両。構成する部材も鉄からより軽いアルミニウム（アルミ）が多く取り入れられている。しかし切断などは簡単だが、溶接に技術を要するなどアルミならではの難しさもある。弘木（ひろもく）工業は家具製造の木工業として創業。その後、時代の変化とともに、木からアルミへの加工技術を修得。いまでは車内の空調機のダクト製造などを手掛け、新幹線を中心に鉄道の安全で快適な運行を支えている。

素材の変化に伴い、会社も変わる

早春の淡い陽が瀬戸のさざ波を照らす。しかし吹く風はまだまだ冬の寒さが感じられる、山口県下松市。日立製作所を中心とした「鉄道のまち」の一角。海寄りの敷地を占める弘

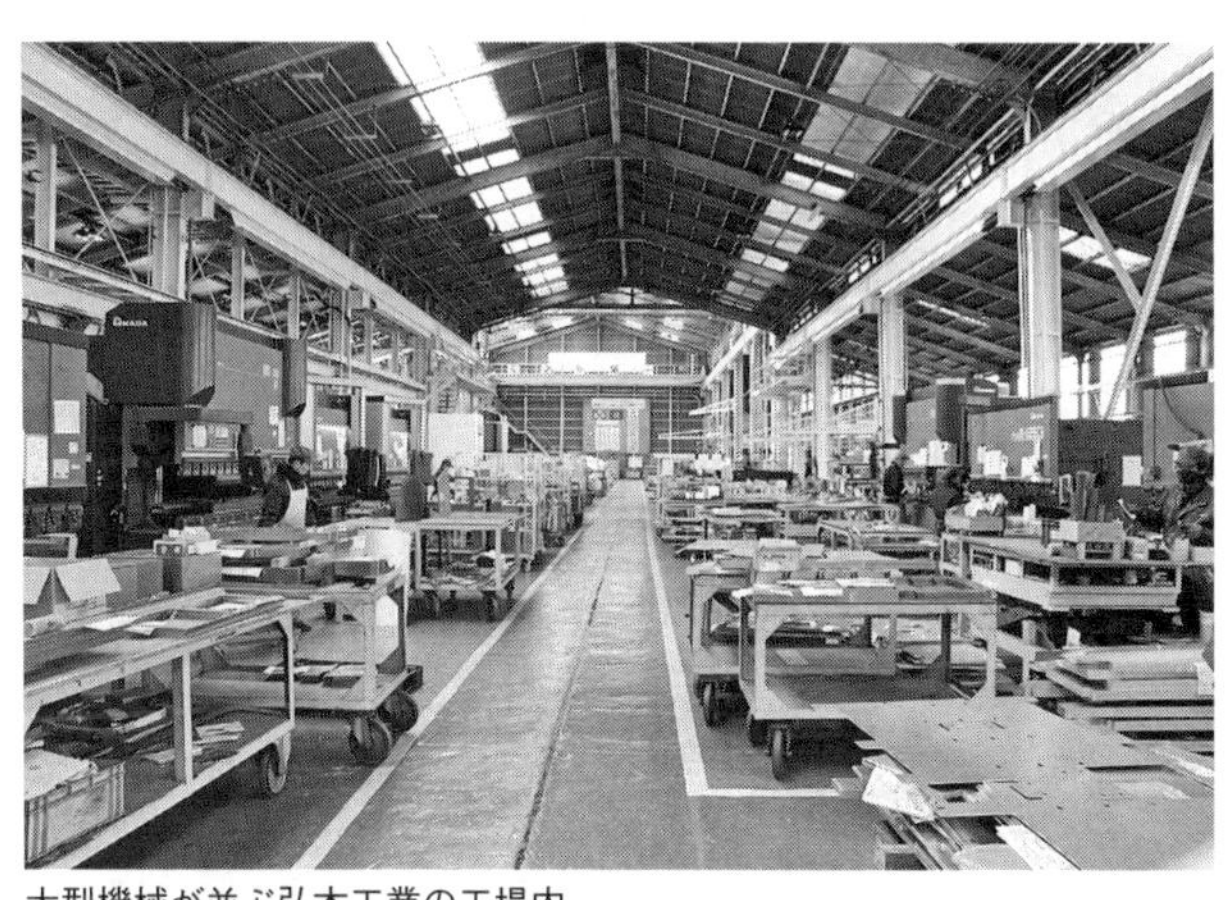
大型機械が並ぶ弘木工業の工場内

木工業。歴史は、家具職人だった弘中捨雄氏が和洋家具の製造販売をはじめた1950（昭和25）年まで遡る。社名の「弘木」は「弘中が興した木工所」に由来する。

家具製造ながら創業の翌年には日立製作所の指定工場になり、鉄道車両と関わっている。当時の車両は内装、窓枠、座席の背もたれなど、まだまだふんだんに木材が使われており、木工職人の活躍する場は数多く残されていた。

しかし、新幹線の登場とときを同じくして車両の素材も木材から金属へ。0系車両の車体本体は鉄が使われたが、屋根部分などにアルミが使われるようになった。それを受け、当時の元請けである日立製作所は関係会社を鉄、アルミ、ステンレスの素材別に仕分けた。そのなかで弘木工業は1961（昭和36）年、「アルミ」を手掛けることに。この経緯について同社の2代目・代表取締役社長の弘中伸寛氏は「アルミは鉄と違いノコギリで切れるなど、木材加工で培った技術が活かせると思った」と当時を振り返る。

似ているといっても、木材とアルミはやはり別物。木工職人がすぐ手を出せるものではない。そのため同社の技術者が日立の製作現場へ出向し、一から技術を身に付けていった。

アルミは鉄に比べ強度は同じか3分の2程度だ。このため、同じ設計強度を得る場合、軽いアルミを採用すると鉄系の部品に比べ重量は半分近くまで軽量化することができる。これが鉄道車両の構造部材に積極的に採用される最大の理由でもある。しかし、アルミの加工のなかで最も難しいもののひとつが溶接だ。アルミは融点が660℃と鉄の1540℃に比べかなり低い。このため熱の伝わりが良く、溶接をはじめると熱が母材全体に広がってしまい歪みが生じる。アルミ製品は、後述するように車内空調のダクトなどに使われる。歪みが残っているとダクト内の断面積に差が出る。そのため空調の空気圧がダクト内にかかると、中の圧力に差が生じてダクト全体が伸び縮みを繰り返し、ポコポコと音が発生。車内の乗り心地に影響を与えかねない。さらに繰り返し荷重が掛かることで、ダクトの亀裂などの原因にもなる。このため、歪みをいかに少なくするか、ここに「匠の技」がある。

溶接の歪みを「お灸」で直す、現代の名工

溶接の終わった製品にガスバーナーで300℃以下の熱を与え、水で冷やす。専門家の間では「お灸方式」と呼ばれる方法を施すことで歪みが徐々に消えていく。場合によってはハンマーや油圧プレスで押すことも。歪みを取った3m50㎝の長さの平面に直尺定規を当ててすき間を測ってみる。最も空いているところでも0・5㎜。素人が横から見ても、手で触ってもへこみはまったく感じられない。

しかし、アルミは一筋縄ではいかない。たとえば夏の朝、同様の方法で歪みを取った製品を出荷に向け炎天下に置くと再び歪みが発生するが、夜になるとこの歪みは消える。いかにアルミ加工が難しいかこれだけでもよくわかる。

同社にはこの歪み取りで、厚生労働省が認定する「卓越した技能者（現代の名工）」に選ばれた職人もいる。

こうしてつくられた製品だが、残念ながら我々が直接目にする機会はほとんどない。たとえば新幹線の空調ダクトだが、同社の製品は現在、列島を走る新幹線の全車両のうちE

車両工場への出荷を待つ完成したダクト

3系を除く日立製作所が製造した車両すべてに使われている。

新幹線の車内に入り座席に座る。目を上に転じると窓枠の上、荷物棚の下にすき間があることに気が付く。ここが空調機の吹き出し口だ。通勤電車などは屋根の上に空調機が設えられ、冷気は直接天井から室内に吹き下ろされる。これに対し新幹線の空調機は300系以降、床下に移動した。このため、床下の長手方向に4本のダクトが走っている。両窓側の2本には空調機からの冷気がとおり、そこから車体側面、窓と窓の間の壁を立ち上がり吹き出し口までダクトで誘導される。空気を吹き出せば、当然回収しなければならない。通路側の座席の下を覗くと小さな四角い穴が。ここが排気口だ。ここから吸い込まれた空気は床下の通路側を走る2本に戻され、空調機へ向かう。

車両が異なれば当然、ダクトの構造も異なる。勢い多品種少量生産にならざるを得ない。それぞれの製品の図面は発注元から送られてくる。しかし図面には、部品に求められる性能や品質などはほとんど書かれていない。さらにダクトなど長い部品を溶接でつくる場合は、連続溶接か断続溶接、または一定の間隔でスポット溶接する方法に分けられる。しかし、図面にその指示があることはほとんどない。「適宜溶接」という指示だけである。

同社生産技術部長の金近浩取締役は「そこは『鉄道車両常識』で処理していかなければならない」と説明する。

性能、強度などはいちいち図面に記載されていなくても、関係者の間ではすでに了解済みのことで、それぞれを適切に処理することができなければならない。

さらに寸法だけ書かれた図面をもとに、同社が発注元に、電車のどこに付けるのかなど、細かいことを聞き、「それならここを溶接し、ここはこうつくったほうがいい」など提案することも多い。その結果、製作コストも下がり、発注元ともども大きな利益につながることも少なくない。「平面の図面を見ただけで、部品の構造を立体的に思い浮かべることができるようになれば一人前」と金近取締役。

けがきから穴あけまで機械が自動で行う

機械化は進むも、消えることのない職人芸

そのために不可欠なのが技術の伝承だ。金近取締役は「可能な限りの機械化で、職人しかできないことを極力減らしていきたい」という。事実、アルミ素材の機械工作に必要な線をアルミ板上に描くけがきから、切断、穴あけなどは大型の機械を導入。事務所のパソコンからデータを入力すれば、素材選びから最終的な加工まで24時間体制で機械が自動で製作する。しかし、言い換えれば機械ができることはここまで。溶接はいまでも一つひとつ、職人が自らの手で行っている。金近取締役も「いかに機械化しても、製作現場から職人技が消えることはない」と強調する。その職人技をいかに残すか。「昔は先輩のすることを見て技を盗むしかなかった。

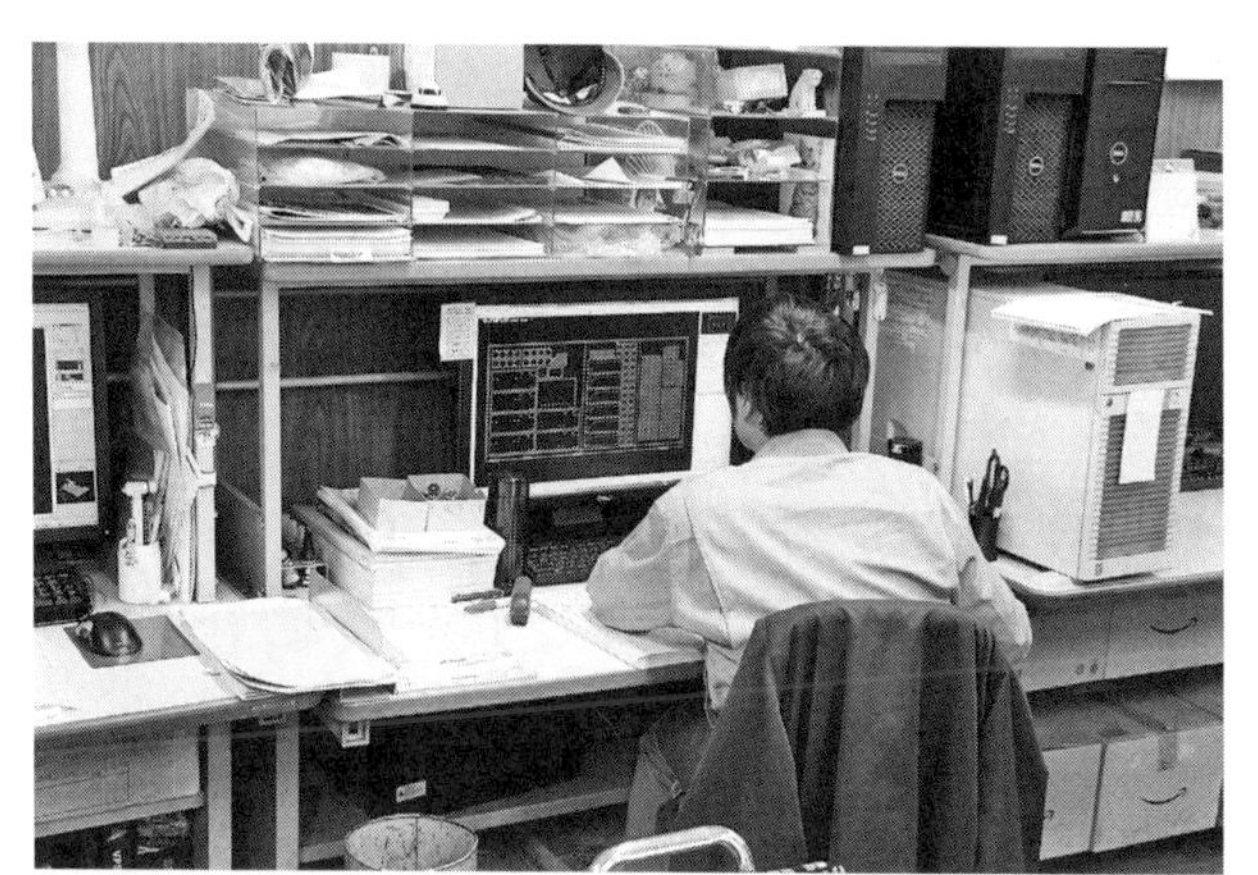

大型機械への指令は事務所のパソコンから

一つひとつ職人の手で行われる溶接作業

しかし、いまの新人は手取り足取りで教えてもらえるから、本人に意欲があれば楽なのでは」と時代の変化を振り返る金近取締役。

その現場では順調な受注増を受け、3年前に比べ、仕事量は1・5倍に増えている。それを同じ陣容でいかにこなすか。各職場では7、8人がひとつになって「小集団活動」を実施。いかに効率よく製品をつくるか、いかに残業を減らすかを月1回の定例会はもちろん、仕事の合間などに討議している。その結果、会社に利益をもたらせば、それは個々のボーナスに直結する。

同社の製品はダクトだけにとどまらない。新幹線のなかでいえば、車内の配電盤を設置する筐体(きょうたい)、さらに床下の電線が乗る「電線トイ」などアルミでつくられているものは数多く手掛けている。

さらにモノレールも。日立製のいわゆる跨座式のモノレールは沖縄、北九州、大阪、東京、東京ディズニーランド、東京・多摩のほか、海外でもシンガポールのセントーサ、中国・重慶、韓国・大邱(テグ)、ドバイなどで使われている。その車両の下部、車輪部分を覆う「スカート」と呼ばれる部品はすべて同社製だ。

また近年、日立がイギリスへ進出。これに伴い同社の製品も、直接乗客が目にすることができないところで活用されている。

国際化は製造面でも。ダクトの一部の加工をフィリピンの企業に発注。その結果、製造コストが3割ほど安価になったという。

さらなる軽量化の波も。空調のダクトはより軽いグラスウールが主流になりつつある。弘中社長は「木材からアルミに変わったように、これからも時代の要請に応えていかなければならないだろう。そのために会社を変えていくことが求められているのではないか」と将来を見通す。

木材からアルミニウム、そしてグラスウール。次に来るものは何か。「鉄道のまち」の一角を注視していれば、その答えは自ずから見えてくる。

弘木工業㈱

創業年　1950年5月
資本金　5,750万円
売上高　15億円
代表取締役　弘中伸寛
従業員数　60人
※『JRガゼット』2018年3月号掲載時

鉄、ステンレス、アルミすべてに携わる、国内でも稀有な企業

清和工業㈱

鉄、ステンレス、アルミニウム（アルミ）。鉄道車両を形づくる素材はあまたあるが、金属はこの3種が代表的だろう。見た目も異なるが、切断、折り曲げ、溶接などの加工でもそれぞれが異なる特性を持ち、3種すべてに携わる事業者は数少ない。鉄道関連部品づくりで半世紀の歴史を持つ清和工業は、そのすべてを担う国内でも珍しい企業のひとつだ。台車関連の「鉄」、空調装置の大枠を担う「ステンレス」、そして車両の内装用の「アルミ」、それぞれの専門工場を持ち、その製品は遠くイギリスの車両にも使われている。

ディーゼル機関車から空調機枠をつくって半世紀

日立製作所を中心とした「鉄道村」で知られる、山口県下松市の工業団地の一角。清和

清和工業の葉山工場。手前のシートを被っているのがイギリスへの出荷を待つ空調機枠

工業の本社・葉山工場の敷地には、電車の屋根などでよく見かける、かまぼこ型の金属製品、専門的には「車両屋根上空調装置枠」が、所構わず並び、出荷を待っている。取材時の製品はすべてイギリス向け。日立の工場へ送られ、空調機本体、コンプレッサー、ファンなどが取り付けられ、地球の反対側の乗客の乗り心地向上に一役買う日も近い。同社の歴史は、空調機に限らず「枠」をつくる半世紀だったともいえる。

　創業者の井川成正・現会長は、前項で紹介の弘木工業の創業から携わり、１９６７（昭和42）年に独立、清和工業を立ち上げる。当初は現在３カ所ある工場とは別の場所に工場を開設するとともに、日立製作所笠戸工場

（現・同鉄道ビジネスユニット笠戸事業所）内に構内事業所を開設し、主に電車関連の室内の腰掛、窓枠、床板などの工事を請け負っていた。当時の日立は鉄道に限らず、トレーラー、ダンプカー、コンテナ、クレーンなど、取り扱う製品は幅広く、清和工業もそれに伴いさまざまな製品に携わっていた。

そのなかで、後々の「枠」づくりのきっかけともいえるのが、工場内などの運搬に使われる小型凸型ディーゼル機関車の車体づくりだった。車輪、エンジン、運転装置などを除く、台車から台枠に加え、機関室、運転室など機関車を構成する「枠」を手掛け、このあたりから、現在の業態が見えてくる。

創業から2年後に入社した平山正文取締役副社長は、「入社当時は鉄道、自動車のほか学校のプールなどもつくっていた。それが次第に『鉄』に特化するようになっていった。大きな転機となったのが１９８３（昭和58）年の下松工場の開設だろう」と話す。

同年、創業時の工場を現在の下松工場へ移転し、「鉄」、なかでも鉄道車両を文字どおり支える、台車関連の仕事を専門とするようになる。「精密で、高度な加工技術がいる仕事は、ものづくりの原点であるがゆえに、とっつきにくく、かつ、できることなら関わりたくない仕事」（平山副社長）ゆえに、採算ベースに乗るまでには試行錯誤の連続だったという。

手作業で一つひとつ溶接する

具体的には、専門メーカーがつくった台車枠に、軸受部分へ潤滑油を供給するための「潤滑装置受け」、台車の蛇行動を抑制するヨーダンパのための受け、など300点以上の部品を一つひとつ台車に取り付けていく。ここで問われるのが溶接の精度とひずみ取りだ。

鉄の溶接は素材が9㎜から20㎜と厚い。そのため板状のものを付き合わせる形で溶接する場合、中心部まできちんと溶接するのは難しい。そこでそれぞれの素材の両端を斜め45度に削り、できた90度の溝に溶剤を流し込む。専門的にはこれを開先溶接と呼ぶ。

さらに、金属に熱を加えれば必ず歪む。たとえば弓なりに反ったら、反対側から熱を加え、冷やし、勘と経験で歪みを取り去っていく。そこに「匠の技」がある。

新たな挑戦が、飛躍のきっかけに

さらに1996（平成8）年5月、同社にとって大きな転換点、見方によっては飛躍のきっかけともいえる機会が訪れる。当時、日立が通勤車両の大量発注を受けた。それぞれの部品を専門とする関連企業に仕事が配分される。しかし空調機の枠をつくる企業が受注不可能に。紆余曲折を経てそのすべては清和工業へ。

車両の空調機は、新幹線の一部の車両はアルミを使うが、ほとんどがステンレス製だ。しかし同社はそれまで、ステンレスの加工を扱ったことがなかった。井川会長の英断の結果だが、当時は経験ある職人はもちろん、関連機器などの設備もまったくなかった。

「鉄材の厚さは9㎜から20㎜。これに対しステンレスは0・8㎜から3㎜とまず厚さが異なるゆえ、曲げ、溶接など加工すべてが鉄とはまったく別物。さらに鉄は加工後、塗装するから多少の傷は許されるが、ステンレスは塗装しないため加工中はもちろん、仮置きのときでも緩衝材や毛布が必要になるなど、工場の配置から考え直さねばならなかった」と平山副社長は当時の苦労を語る。

当然ながら専門の機械も必要だ。現在の本社がある同市葉山に葉山工場を新設。機器の配置から職人の育成など、まさに手探り状態のなか、レーザー切断機、曲げるための各種

大型プレス機で製品の曲線を整える

プレス機、スポット溶接機など、すべて一から取り揃え、「企業規模からいったら莫大な投資を迫られた」（平山副社長）。それでも鉄道の空調機は日立のほか東芝、三菱の3社体制で、その下で「枠」をつくる会社は「知っている限りでは我が社を入れて4社」（平山副社長）と、ほとんど競争相手がなかったことも幸いし、同社の柱にまで成長。日立の車両は、冒頭のイギリス向けを含めほぼ100%、さらに日立を通じ、他の車両メーカーの製品にも搭載され、関東、関西の大手私鉄、地下鉄などで走る車両の屋根の上には同社製の「枠」が載せられている。

同社はさらにアルミも。同市に隣接する周南市の勝間工場はアルミ専門だ。大きいものでは車両の運転台の骨組み（枠）、新幹線などの車両に搭載されるゴミ箱のほか、一般の人が目にするものでは、新幹線の車両の両端の扉の上に、駅名、ニュースなどを流す情報ディスプレイが設置されているが、その枠、専門的には「キセ」と呼ばれるものなどをつくっている。

全国的にも珍しい3つの素材を同時に扱う体制について、平山副社長は「鉄道業界で生き残るため」と言い切る。

ものづくりの基本は「ひとづくり」

これからも3つの素材を続けていくために欠かせないのが人材育成だ。創業からそれぞれの部門に「匠」がいる。それを後継者にどう伝承していくかがいま問われている。井川明美社長が会社案内の冒頭で「ものづくりの基本は『ひとづくり』」と書くように、各工場横断的に人材育成が進む。2年前からは大阪、東京のとあるメーカーに社員を交代で派遣。外の世界を見て、他社の社員と交流し意見を交換することで一段の飛躍をねらう。さらに外部講師を定期的に招聘し、同時に社外研修、セミナーなどにも積極的に参加を促している。

社員同士でも、「組立」「部品加工」「生産技術」の各グループ別に社内研修会を2カ月

自社開発した「CNCポジショナーロボット」

に1回程度開催し、そこで得た改善策や逆に失敗から得た教訓などを半年に1回全社員の前で発表する場を設けている。さらに「専門職ではなく多能工を育てる」（平山副社長）方針から、入社年次など同じレベルの人たちの横断的なグループの交流も盛んに行われている。

人材育成と同時に進められているのが自社開発。なかでも工程の自動化は喫緊の課題だ。そのひとつの答えが「CNCポジショナーロボット」である。

ステンレス製の空調機枠は部品数が約550もあり、そのほとんどは点で溶接するスポット溶接で取り付けられる。溶接箇所は6000カ所以上にも。そのうち、かまぼこ型の上部カバーだけで約2000カ所。これだけでも自動化で

社員の手づくりによる「SL型焼き芋機」。近隣のお祭りなどで引っ張りだこだという（清和工業提供）

きないかと、社内の開発部長自らが、コンピューターソフトの外部専門家とともに1年かけてロボットを完成させた。それまで4人で10分かけて1台仕上げていたものを、ロボットは最初にセットさえすれば20分で完了。時間こそ人力にはかなわないが、その間4人が他の仕事をできることを考えると、「開発費は十分採算が取れる」（平山副社長）。

このほか、工場内を見ると、材料の切断など上流部分は自動化されているが、下流の曲げ、溶接などはほとんど手づくりだ。このなかで自動化できるところを考え、いかに経費を下げていくかが、これからの課題だという。

鉄道車両から離れた「新製品」も。「ＳＬ型焼き芋機」だ。同社の近隣には農業公園、さらには瀬戸内海の笠戸島の国民宿舎などがあり、多彩な催事が行われる。そこでの地域貢献にと、社員が手づくりで製作。鉄道に関わる企業ゆえに、外観は蒸気機関車そのもの。炭火を使った焼き芋は近隣のお祭りなどで引っ張りだこだという。

創業からの半世紀は、同時に挑戦を続けた50年でもあった。今後について平山副社長は「現在は鉄道関係の売上が95％を占めるが、その売上高をそのままに60％まで引き下げ、残りの40％は、現在すでに取り組んでいる、半導体の製造機や、再生エネルギー関連機器で賄えるように」と、将来を語る。

さらに鉄道関連について「日本のメーカーが海外へ進出した場合、現地の雇用を考えると、関連部品は現地生産にならざるを得ない。その意味から我々も海外進出を常に視野に入れておかなければならないのでは」とも。

３種の素材を扱う会社が、日本、ヨーロッパ、そしてアジアと３つの地域で活躍するときが待たれている。

清和工業㈱

創業年　1967年5月
資本金　7,000万円
売上高　15億円
代表取締役　井川明美
従業員数　90人
※『JRガゼット』2018年7月号掲載時

㈱新陽社

先端技術を駆使し、サインでつくる駅の道しるべ

駅名から、構内、改札口などの各方面別列車案内、そしてホームの列車の出発時刻と、ほとんどの鉄道利用者が目にする駅の掲示板（サイン）。新陽社は第二次世界大戦敗戦直後に創立され、以来70年余、時代とともに、さまざまなサインを提供。その歴史は掲示板の技術的進歩そのものでもある。今後は２０２０年の東京オリンピック・パラリンピックを控え、さらなるサインの国際化を見据えている。

戦後の混乱期に、電気掲示板専門の会社を設立

京王電鉄相模原線。車窓の景色が都会の喧騒を忘れさせる多摩境駅。そこから東へ５分ほど歩く。道の両側には製造業の看板が目に付く一角、正門脇に突然、「東京駅」の見慣れた駅名表示板が出現する。ここが新陽社多摩境テクノセンターだ。鮮やかな駅名表示は、

出発を待つ人に列車を案内するサイン（JR東日本東京駅にて）

同社が省エネ目的で行っている、太陽光発電の実用化試験だ。

同社の歴史は駅名表示からはじまった。戦争の相次ぐ空襲で鉄道も電気関係、信号保安施設、運転施設、電灯電力その他の施設など、壊滅的な被害を受けた。さらには無線通信の新設、列車自動停止装置の設置など、文字どおり「ゼロからの再興」が待ち受けていた。そのなかで敗戦の翌年の1946（昭和21）年、当時の国鉄電気局の幹部の音頭とりで、架線用品製作、信号機製造、照明器具の製作・修理など、それぞれを専門とする会社が6社、設立された。そのうちのひとつが新陽社で、「電気掲示板の製作販売」を専門に誕生した。

掲示板（サイン）は、その目的に応じて大きく2つに分けられる。駅名や時刻表、構内の諸施設の案内など表示内容が変わらない「固定」と、列車名、出発時刻など、内容が時々刻々と変わる「可変」だ。同社の歴史は「固定」からはじまった。

１９５０（昭和25）年、池袋駅にネオン管を使った駅名表示を設置。金属でU字形の枠をつくり、そのなかにネオン管を配置。夜はネオンが光り、近代化の象徴の如く輝いた。しかし昼間の見栄えが悪い。そこで考え出されたのがアクリル板だった。アクリルで字型をつくり、そのなかにネオン管を埋設。昼間もよく見えるようになる。

ふだんは「固定」なのだが、改正時だけ「可変」になるのが時刻表だ。戦後すぐは白いボードに各列車の時刻を手書きで記入。このためダイヤ改正直前は大わらわに。列車本数が少ない地方のローカル線は1カ月前ぐらいから新しい時刻を書き込み、改正まではその上に「お知らせ」の紙を張り、旧時刻を掲示。首都圏は改正日前夜、徹夜で書き換えるか、あらかじめ新しい時刻を記入したボードを用意し、深夜に差し替えていた。

時刻表をはじめ、駅名、それぞれのホームの方面別列車案内、出口、洗面所と「固定」サインの表示内容はさまざまだが、そこで使われている文字は戦後、少しずつ変化していった。同社の『70年のあゆみ』によると6種類で、１９５４年頃までの「楷書体」にはじまり、「丸ゴシック体」「角丸ゴシック体」「ＪＮＲ-Ｌ体」と変遷し、１９８７年頃からは「ＪＲ東日本書体」、「ＪＲ東海書体」など、会社によって書体が変わってきた（左図）。

書体		書体	
楷書体 昭和29年頃まで	東京駅	JNR-L 体 昭和62年頃まで	東京駅
丸ゴシック体 昭和35年頃まで	東京駅	JR 東日本書体 昭和62年以降	東京駅
角丸ゴシック体 昭和55年頃まで	東京駅	JR 東海書体 昭和62年以降	東京駅

図　サインの使用文字の変遷（新陽社『70年のあゆみ』より）

その書体を照らす電光も時代とともに進化。白熱灯から蛍光灯、さらに発光ダイオード（ＬＥＤ）を駆使した消費電力を軽減する省エネタイプへ。さらに専門的には「内照」と呼ばれる方式に隠れた「匠の技」が。駅名表示などでよく見かけるが、表示面の裏側に蛍光灯やＬＥＤなどを取り付け、裏から照らす方式が「内照」だ。装置全体を薄くするため光源を上部に配置する。しかしこのままでは外から見ると上が明るく、下が少し暗くなる。そのため特殊フィルムを裏に張る。フィルムには細かい穴があいているが、上の部分の穴は小さく、下へ行くほど穴は大きくなる。このため外から見ると均一の明るさに見えるという。さらにＬＥＤの光を下まで均一に導く「ガラス導光板」の活用などで、さらなる省エネ化に成功している。

文字の曲線へのこだわりがもたらす、デザインの3冠

「可変」は、「固定」以上に時代とともに大きく変わってきた。戦後最初に使われたのが「反転盤」だ。ある年齢以上の人は駅の構内などの掲示板で、パタパタと賑やかな音とともに表面の板が回転する、列車案内掲示板などの記憶があるのでは。さらにこれに前後して登場したのが字幕式だ。電車の先頭の行先表示などにも使われていたが、縦に長いフィルムに数字なら「0」から「9」まで、駅名などは必要なものをすべて書き、上から下へ（逆もある）スクロールさせて、目的の情報を表示する。

この表示方法を大きく変えたのが、LEDだ。LEDは1962（昭和37）年、アメリカの科学者、ニック・ホロニアックが発明。当初は赤色のみだった。1972年に同じくアメリカの電気工学者、ジョージ・クラフォードが緑色を発明。さらに1990年代初めに、日本の赤崎勇らの手によって青色が発明され、フルカラーが可能になった。

同社とLEDの関わりは1982年。上野、大宮、名古屋駅にLEDによる、異常時情報、列車遅れなどを表示する装置を開発したのが嚆矢だ。鉄道関係以外を含めるならば、この1年前、テレビ朝日の番組「クイズタイムショック」の正解表示に使われたのが同社最初のLED関連製品だ。

2年後には全国ではじめて大船駅に多色（緑、橙、赤）式LED式発車標を設置。この後、駅はもちろん、自動車学校、バス停表示、空港の運行管理、競馬場の売場案内など、同社製が導入されていく。この流れをさらに大きく前進させたのが、青色LEDの発明、すなわちフルカラー化だ。駅の表示板も大きく様変わりするなか、2005（平成17）年、同社がJR新宿駅に設置したフルカラーLED式発車標が、日本で唯一のサインデザインに関する顕彰、「SDA賞」を受賞、さらに鉄道関連では唯一の国際的なデザインコンペの「ブルネル推薦賞」、さらには「グッドデザイン賞」の3冠を達成する。その影にも「匠の技」があった。

ブルネル賞の受賞理由には「新しい技術、フルカラーLEDを駆使しわかりやすい案内表示を提供した」とあるが、ここに文字と色表示の工夫がある。

LEDの文字は小さな素子の集まりで表現する。甲子園などで使われる人文字にたとえるとわかりやすい。人文字は1人がそれぞれ裏表異なる色の板を持つ。各自が決められた色を表示することで、遠くから見れば絵になり、文字になる。LED表示も同じ。「赤」「緑」「青」の3色のLEDを束ねた一辺数ミリの素子1個が、人文字の1人分の板に相当。縦24、横24個並べた576個の素子のそれぞれの色を調整することで文字などを表現する。

デザイン3冠を達成した、JR新宿駅のサイン（新陽社提供）

通常は赤地に青で字を書く場合、５７６個の素子は、文字によって「赤」か「青」を点灯させることで文字になる。しかしこれでは、たとえば「あ」や、数字の「５」などの曲線部分は、角々とした文字になる。そこで同社は曲線部分の素子の輝度を微妙に調整することで、離れて見るときれいな曲線に見えるように工夫を施した。

さらに色に対する「技」も。ＪＲ東日本は首都圏を走る、山手線、京浜東北線、総武線など、それぞれの路線カラーを決め、すべての表示にそれを使っている。サイン表示も色分けが求められるが、ＪＲが決めているのは色の３原色によるカラー分類だ。しかし光の３原色はこれと微妙に色が異なる。そこに限りなく近付けたところに、こだわりがあった。

さまざまな機器が並ぶ、サインの製作現場

少数多品種生産のサインは一つひとつが手づくりだ

サインのデザインで3冠以外にも数々の賞を受賞している、同社のいま最大の課題は国際化だ。2020年の東京オリンピック・パラリンピックを前に外国人観光客が急増。駅などの表示の多言語化が求められている。デジタル機器とLEDの進化で多言語表示は可能だが、言語を増やせば増やすほど、乗客の大半が必要としている日本語の表示時間が短くなる。そこで日本語をほぼ固定表示にし、隣にたとえば、英語、中国語などの外国語を流す方式を活用し、国際化へ対応している。

加熱か温風で、新幹線を雪から守る

サインで旅客のスムーズな動きに貢献している同社の技術は、線路、それも分岐器の滞りない動きのためにも活かされている。電気融雪器だ。北国はもちろん、首都圏などでも雪が降ると、分岐器が凍結しトングレールが動かなくなり、列車の運行が不可能になる。このため昔は、線路の下に灯油などのカンテラを入れ、火をともして凍結を防いでいた。しかし、降雪時はただでさえ忙しい駅員にとって煩わしい業務で、さらに線路に出る危険も伴う。このため戦後すぐ、電気などでの融雪が真剣に考えられてきた。現在、その方式は大きく2つに分かれる。内蔵のニクロム線などで加熱する方式と、レールに温風を吹き

付ける温風式だ。同社は1950（昭和25）年には、ヒーターによる電気融雪器の1号機を開発。さらに1971年には、新幹線用電気温風融雪器の開発に着手している。

　加熱方式は分岐器のトングレールが載る床板（しょうはん）に直接取り付けるもののほか、長さ2・7m、直径4・8mmのパイプ状のなかにニクロム線を通した装置を、基本レールに直接取り付ける方式などがある。ただ、スラブ軌道の場合、レールの下に高さを微調整する「調整パット」が取り付けられており、これが熱に弱い。このため直接加熱ができないので、温風方式が使われている。

　上越新幹線では熊谷、本庄早稲田、高崎、上毛高原の各駅が温風方式を採用。ちなみに大清水トンネル以北は、地下水などを散布する方式で温風融雪器は使われていない。また東北新幹線は東京から八戸までは温風で、それ以北は直接加熱だ。

　サインと融雪器。まったく異なる技術だが、人、そして列車を導いている。

㈱新陽社

創業年　1946年10月
資本金　1億8,225万円
代表取締役　佐坂秀俊
従業員数　241人
※『JRガゼット』2018年12月号掲載時

既存の技術に自らの技を加え、新たな空間を創造

共栄実業㈱

ひとつの技術をとことん極める。ものづくりの基本でもある。しかし、世の中にすでに存在する術(すべ)を集め、そこに自らの技を加え、いわば1＋1から3を生む。これも立派なものづくりといえる。京都府宇治市に本社を置く共栄実業は、鉄道事業者とさまざまなメーカーを結ぶ商社的な業務で創業。そこで培ったノウハウを活かし、鉄道車両の空調関係のダクトや客室用パネル板、トイレユニットなどの内装関係を中心に、自社の製品にさまざまなメーカーの技術を結集し、これまでにない新たな空間を創造している。

「ユニット化」がもたらす煩雑な業務からの解放

国際色豊かな観光客であふれる京都駅。東寺の塔を右に見ながら近畿日本鉄道京都線で南へ。酒どころ・伏見を抜けた京都市と宇治市の境に共栄実業の本社がある。入口のすぐ

脇に大型の木型や、金属の材料が並ぶ。一歩踏み込んだだけで、幅広い製品に携わっていることがわかる。

創業は京都市内。現在のＪＲ西大路駅近くで、国鉄バス用のメンテナンス部品を取り扱う個人商店・共栄商会が同社の前身だ。2年後には共栄実業に改組。創業者の小谷岩正氏は戦前、南満州鉄道（満鉄）関連の業務に携わった関係で、戦後の国鉄内部にたくさんの知己を得ていた。戦後そのつてを頼り国鉄バスに部品を納入する「代納業」から業務を開始する。いまは聞きなれない言葉だが、東京～大阪間が列車で10時間以上もかかった時代には、関東の事業者が関西方面の国鉄に部品などを納めるのは至難の業だった。そのため京都に本社を持つ同社が、東京の事業者などと国鉄との間に立ち、商社として、契約にはじまり日々の業務の仲介も行っていた。

当初はバス関係だけだったが、鉄道のディーゼルカー関連の部品などから鉄道関係にも進出することに。しかし、あくまでも商社の域を出ず、エンジン関係の消耗品などを納入するのが主な業務だった。それが大きく変換するきっかけとなったのが国鉄の民営化と、電化だった。

民営化と同時に商習慣も見直され、これまでの商社的な立場は成り立ちにくくなって

「風道」製作などの作業が進む工場内

いった。さらに鉄道路線の電化が進み、ディーゼル関係の部品だけを扱っていては将来に不安を覚えた。そこで自らも製造部門を持とうと、メーカーとして第一歩を踏み出すことに。当初は車両の床下に電線などを束ねる金属の箱を試作。車両メーカーに売り込んだがなかなかうまくいかない。飛躍のきっかけは、やはり商社的才能だった。

民営化前の国鉄は、大手電機メーカーといえども契約や納品業務が思いどおりに進まないことも。そこで同社が国鉄との間に入り仲介。この縁で大手電機メーカーの代理店となる。一気に世間的信用が増し、車両メーカーなどに製品が納入できるようになった。

ものづくりの開始当時からいまも主流のひと

つが「天井風道ユニット」だ。通勤車両から特急車両まで、在来線の車両のほとんどは空調機が屋根の上にある。そこから天井を走るダクトを通じ、客室内に冷気が送られる。そのとおり道が「風道」だ。同社が製作する以前は車両メーカー自らがダクトや内装用のパネルなどを調達し、自社工場内で製造中の車両に一つひとつ取り付けていた。この作業をユニット化、1車両の「風道」を5から6に分割し、共栄実業の工場で製作。車両メーカーは持ち込まれたユニットを天井に取り付けるだけで済むことに。これで工程が単純化されたのはもちろん、車両メーカーはダクト、パネルなどそれぞれの業者との、発注からはじまり価格交渉、納期の調整までの煩雑な業務から解放されることに。現在、「風道ユニット」は年間200両以上の発注がある。工場の稼動日だけで計算すれば1日1両分製作していることになる。

実績が言わせる「共栄に頼めば何とかなる」

同社成長のもうひとつのきっかけが、「ジョイフルトレイン」だ。国鉄が団体専用列車などのために車内をサロン風に改造した車両の総称で、1983（昭和58）年、当時の国鉄東京南鉄道管理局が製作した欧風列車「サロンエクスプレス東京」が嚆矢とされている。

欧風列車「サロンカーなにわ」の1号車・ラウンジ展望車の車内

同社との関わりは国鉄からJR西日本に引き継がれた「サロンカーなにわ」が最初だ。車両の改装を企画し、デザインする。ここまでは国鉄とデザイナーで可能だが、実際に改造工事がはじまれば、電装、壁材、座席のモケットなどなど、さまざまな製品を必要とする。ましてや欧風のサロンカーなど、これまで車両メーカーが扱ったことがない装備品も必要になる。「どこへ頼めばいいのか」。こんなとき役に立つのが商社的機能だ。同社は改装に必要な装備品のほとんどを賄い、いつしか「共栄に頼めば何とかなる」と言われるように。このため、後のお座敷列車から寝台特急「トワイライトエクスプレス」を経て豪華列車まで、「列車の改装なら共栄」と同社の技術が引き継がれていく。

同社独自の製品ももちろんある。そのひとつが「共栄パネル」だ。鉄道車両は床板（しょうはん）を除けば、4面の壁に天井などほとんどがパネルで覆われている。車両ゆえに軽くて丈夫でなければならない。従来からアルミニウム（アルミ）等の金属で枠を組み、空間に発泡スチロールを詰め、両面をアルミの板で挟んだものが多く使われている。しかし、製造に手間がかかるときもあり、意外と重い。そこで同社が製造するのが「アルミ製段ボール」だ。段ボールは波打つ中芯を2枚の紙で挟み込んでいるが、構造はまったく同じ、材料がアルミに変わっただけだ。

小谷奉正社長は「芯材にアルミを使うことで強度が増すため、その分薄くできる」と同パネルの利便性を強調。とくに限られた空間で数多く使う場合は効果を発揮するという。同パネルは大阪のメーカーが取り扱っていたが、その会社がそれをやめたため製造設備ごと引き取った。同社の商社的機能が育んだ情報力が生んだ新商品だ。さらに小谷社長は「新しい技術をどう料理し、どう使っていくか、わからなければ宝の持ち腐れになる」とも。世の中にすでに存在する技術を取り込み、それに付加価値を加え、新たな製品を生む。ここに同社の「匠の技」がある。トイレの改装にもこの技は活かされている。

外国人観光客の増加などで、車両のトイレを和式から洋式に変えるなど各社で改装が進

トイレの設計検証用のモックアップ（右）と完成品。6面体の空間に500点以上の部品が装備される（共栄実業提供）

む。トイレシステム一式は専門メーカーが納入する。しかしそれだけではトイレにならない。6面体の空間を構成し、そこに扉と鍵を付け、荷物を置く棚も必要だし、電気はもちろん鏡、ゴミ箱など「ネジを含めると部品の数は500点以上になる」（小谷社長）。一つひとつ異なるメーカーから調達し組み込んでいく。同社が最も得意とする業務に、共栄パネルが使われていることは言うまでもない。

最近の車両は車内にカフェスペースを設けるなど、従来の鉄道車両とは異なる試みが施されたものも多い。そんなところでも同パネルは活躍している。ある特急車両の窓際に長手方向に長く伸びるカウンター。上部は人工大理石で輝いているが、裏で支えているのは同パネルだ。

こんなところでも「軽くて丈夫」という特性が活かされている。

製作現場から博物館の展示車両まで動かぬ車両でも生きる技

これらの内装関連の技術が活かされているのは動く車両とは限らない。「モックアップ」だ。一般的に鉄道車両は実物を製作する前に実際と同じ1分の1の大きさの模型を製作し、風洞試験から車内の機器の配置、照明の具合などを考察する。同社もこれまで豪華列車をはじめ、いくつかのモックアップを製作。さらに博物館に展示されている鉄道車両の運転台や客室部分を模した展示品も多数つくってきた。また一般の人の目に触れる機会はほとんどないが、各鉄道会社が自社の訓練用に持つ運転シミュレーターや、車内清掃を専門とする会社が社員養成用に実際の客室を再現したものなど、その納入先は幅広

トイレ部材仮組立の様子(共栄実業提供)

共栄実業の本社前に置かれている車両のモックアップ。鉄道技術展で活躍した

い。

新しい製品づくりも日々行われている。そのなかのひとつが「エア制動式引戸装置」だ。ほとんどの車両は、連結部の通路には扉が付いている。開けっ放しにされると冬などは寒い。しかし電動の自動扉にすることも難しい。扉を支えるレールを斜めにして、開けたら自重で戻る方式を設置している車両も。しかしこれでは扉の下に空間が。これを防ぐために、同社が大阪のメーカーと共同で考え出したのが「エア式」だ。扉の上部にエアダンパーと、ゼンマイを活用したクローザーを設置。クローザーの力で扉は自動的に閉まる。また乱暴に開け閉めされてもエアダンパーが力を調整し、最後は静かに閉まる。建築の世界では

「油圧式」が主流だが、油圧式では、車両の傾きや曲線走行時の遠心力など、過酷な環境のなかでの扉の動きを制御しきれない。同装置は妻板の扉はもちろん、トイレの扉への引き合いも多いという。

これからについて小谷社長は、「鉄道車両はまだまだ改良しなければならない点が多い。たとえば外国人観光客の増加で、車内ディスプレイも、多言語化に伴い2面から3面に。さらには防犯カメラの取り付け。現在はほとんどない大型のスーツケースを置くスペースの設置などなど。こうした課題に、すでにある新しい技術をいかに車両用にアレンジし、メーカーなどにどう提案していくか、それが我々に与えられた使命なのではないか」と自らの足元を見据える。

その昔、左右対称で裏から見ても読める「裏表がない」という意味から「共栄」と名付けられたという。そこにはもちろん「共存共栄」の意味も含まれている。同社が結ぶ、さまざまな技術が鉄道車両という舞台でともに栄えつつあるようだ。

共栄実業㈱

創立年　1949年2月
資本金　1,000万円
売上高　43億円
代表取締役　小谷奉正
従業員数　60人
※『JRガゼット』2018年5月号掲載時

第二章

つなぐ

鉄道の最大の特長のひとつに大量輸送がある。そのためには連結器は欠かせない。さらに架線と車両の間のパンタグラフのすり板、線路と線路を結ぶ分岐器、物と物をひとつにする緩まないナット。高速で走行する列車を支えるために、さまざまなつなぐ技術がここにある。

つなぐ技術で支える、車両の連結

㈱ユタカ製作所

鉄道の特性のひとつに大量輸送がある。そのためには、車両を連結しなければならない。しかし、機械的につなぐだけでは動かない。運転士の操作に伴う電気信号からドアの開閉、空調機など、電気的なつながりも不可欠だ。電気連結器の「ジャンパ連結器」から、列車自動解結システム、高圧コネクタまで、幅広い分野で高いシェアを保持するのがユタカ製作所だ。

機械と人の住み分けから生まれる製品の信頼

関東平野の北西部に位置し、だるま市で知られる群馬県高崎市。市の中心部から西へ約5㎞、ＪＲ信越本線の群馬八幡駅近くにユタカ製作所の本社・工場がある。白で統一された建物群は3年前に新築。事務棟を中心に加工棟、組立棟、そして試験棟に分かれる。加

ジャンパ連結器の品質検査の様子。ピンの接続を1本1本確認する

工棟のなかに入る。工場らしからぬ静けさだ。自動旋盤がジャンパ連結器の心臓部である接触片などの細かい部品を削り出し、切削機がアルミ鋳造された連結器の筐体（きょうたい）を求められる寸法に整えていく。これらすべての作業に人が関わるのは最初のセットだけ。あとは機械が行う。

組立棟に入ると光景は一変する。加工棟で製作された部品を社員が一つひとつ組み立てていく。完成すれば検査も欠かせない。時には数人が一組で声を掛け合い、動作・つなぎを確認する。また、1人で黙々と製品の質を調べる人も。

同社の石﨑昌義社長は「ジャンパ連結器は、車両によって微妙に仕様（つなぎ）が異なる多品種少量生産が基本。それでも本体部品は共通のものもあり、自動機械で生産する。しかし組

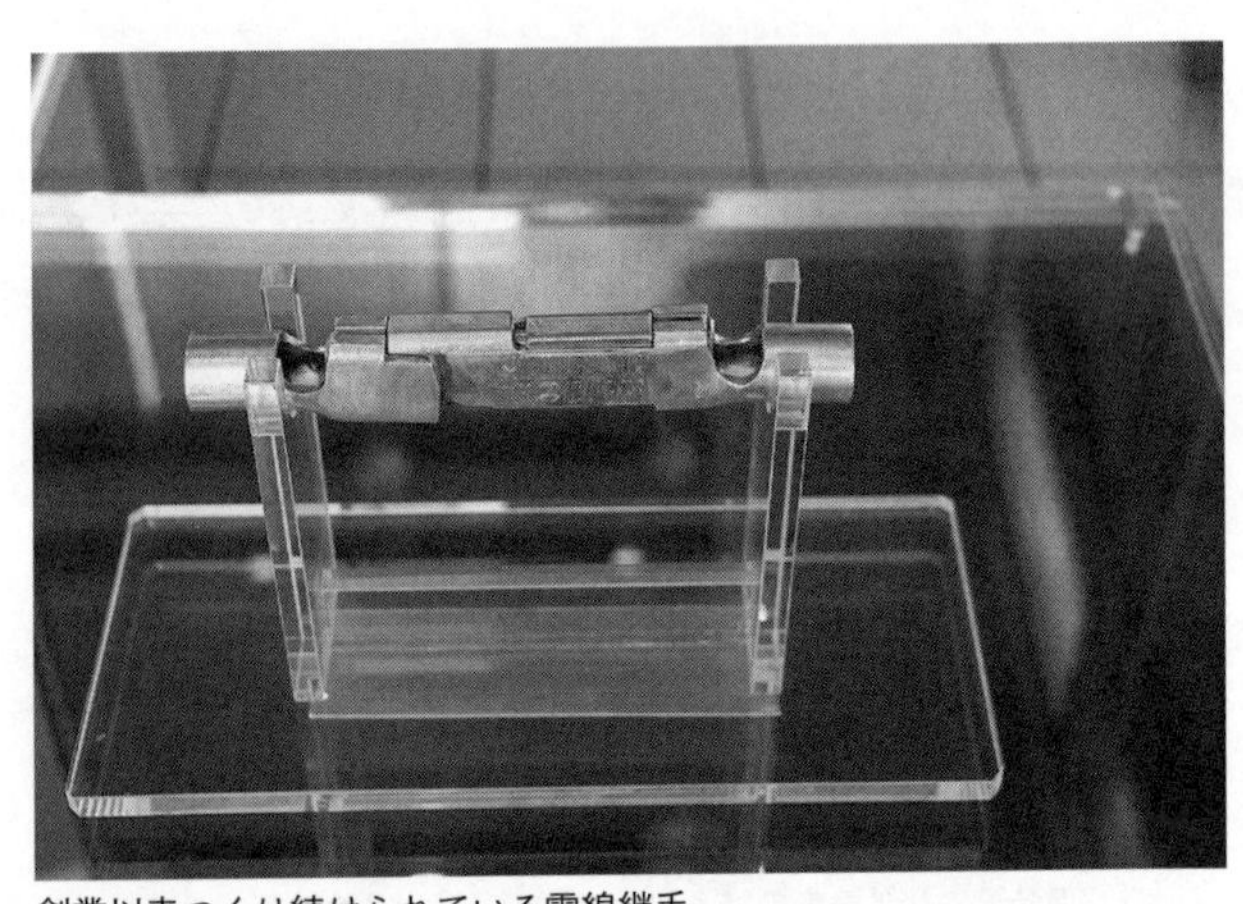

創業以来つくり続けられている電線継手

立は人手が頼り。電線の接続が1本でも間違っていたら、即事故につながる」と、機械と人の住み分けを語る。

同社の創業は1948（昭和23）年。国鉄の電気機関車の設計技師だった故・牧豊一氏が東京都大田区に合資会社ユタカ製作所を設立。創業時の製品は、モーター用の「電線継手」。電車の車体に付けられたモーターは、保守作業などでは車体から取り外す。このため、制御器とモーターをつなぐ線を切り離さなければならない。当初はそのつど、ハンダ付けや端子の締め付けなどの作業が伴った。しかし、同製作所の着脱可能な「継手」の登場で、作業は大幅に軽減された。

創業から2年、1950年に「ジャンパ連結器」の製作を開始する。同連結器は車両間にU字形に垂れ下がる。車両を切り離す際に係員が線路上に降り、はずす姿はいまでも見られる。そのジャンパ連結器の分野で9割のシェアを誇るきっかけとなったのが、1958年、「ブルートレイン」の愛称で親しまれた「20系」客車用の三相用高圧ジャンパ連結器だ。当時の連結器は、受ける側の穴に接触子のピンを挿入する方式だった。同社は、このピンにスリットを入れる多接触方式の特許を保持。これを活用して接続部分をより確実にし、他社との差別化に成功する。しかし、電気設備の進化とともに車両間を流れる電気も多様化。これに伴い、連結器のピンの数は増え続ける。穴とピンの位置は、より精密さが求められ、芯が増えれば挿入の際により大きな力を要する。同社は1960年、この問題を解決する画期的な機構を持つ「KE4形」を開発する。その特長は、ピンを挿さない「突き当て式」にある。

「突き当て式」がもたらす、作業環境の改善

突き当て式は穴をやめ、連結器双方に必要な数だけピンを配置。そのピン同士が接触するだけだ。それだけでは接触圧力が弱い。そこで、一方のピンの裏側にバネを取り付けた。さらに、丸撚り線を使用して線の延び縮みを可能に。そこに「匠の技」がある。これで常に相手のピンを押すことで接触圧力を確保。さらに、押し込む側に締付け腕を取り付け、てこの原理を利用することで連結時に必要な力も軽減している。同時に、高い防水性能をあわせ持つ製品となった。同社はこの製品で実用新案を取得している。

車両間を流れる電気は弱電だけではない。1500ボルトの高圧も流れる。とくに新幹線などの交流電化が当たり前になり、高圧に対する需要も増える。しかし防水などの問題もあり、開業当時の0系などは車両の床下に設置された、ツナギ箱と呼ばれる防水・防塵の箱を介し電線が1本1本ボルトでつながれていた。このため、検査などで車両を切り離す時には大変な手間がかかっていた。同社はこれらの問題を解決するため、国鉄の技術者と3年以上の試行錯誤のうえ、1978年、新幹線の200系車両向け世界初の高圧コネクタ「YH1」を開発。他社に比べ接触圧力が強く、接触抵抗の経年劣化が少ないなどの特長を持つ。さらに高圧電流が流れるため、少しでも水が浸入すればすぐに火を噴く。このため、防水対策は二重にして万全を期した。その後、3芯さらにはアースの入った4芯と進化し、200系以降の新幹線車両の多くに採用されている。

ジャンパ連結器は、どんなに高性能でも連結時は人がつなげなければならない。しかも、作業は線路上で行うため危険と背中合わせだ。この問題を解決したのが「列車自動解結シ

電気連結器の組立作業

ステム」だ。連結を「解き」、「結ぶ」から「解結」と書く。同システムは機械的連結器の下に付いている。機械的連結器がつながれば、自動的につながる。しかし、機械は何ミリかのブレを持つ。それでも、「システム」の接点は正確につながれなければならない。そこで、接点の大きさに幅を持たせ、「突き当て式」で正確な接続を確保した。1971年、小田急電鉄と共同開発し、納入したのを皮切りに1975年には名古屋鉄道、そして1981年、国鉄が京阪神間で使用する117系快速電車に採用が決定。1984年には105系に装着されるなど、現在では分割・併合を行うJRのすべての車両、私鉄でも多くの車両が採用している。

同システムは3つの部分に分かれる。機械的連結器のすぐ下に付く電気連結器、さらに連結器がつながった状態以外では連結器への電気を自動的に遮断する連結締切装置、そして、運転台での操作スイッチだ。

信頼と安心のために、100万回繰り返す「ゆする」「曲げる」

同社は、製品の信頼をより維持するために高崎の工場内に試験棟を設置。「偏倚」「耐久」「振動」「防水」の4つの部門の試験装置が24時間体制で稼動している。ちなみに「偏倚」

ジャンパ連結器の偏倚試験装置

走行時の揺れを再現する耐久試験装置

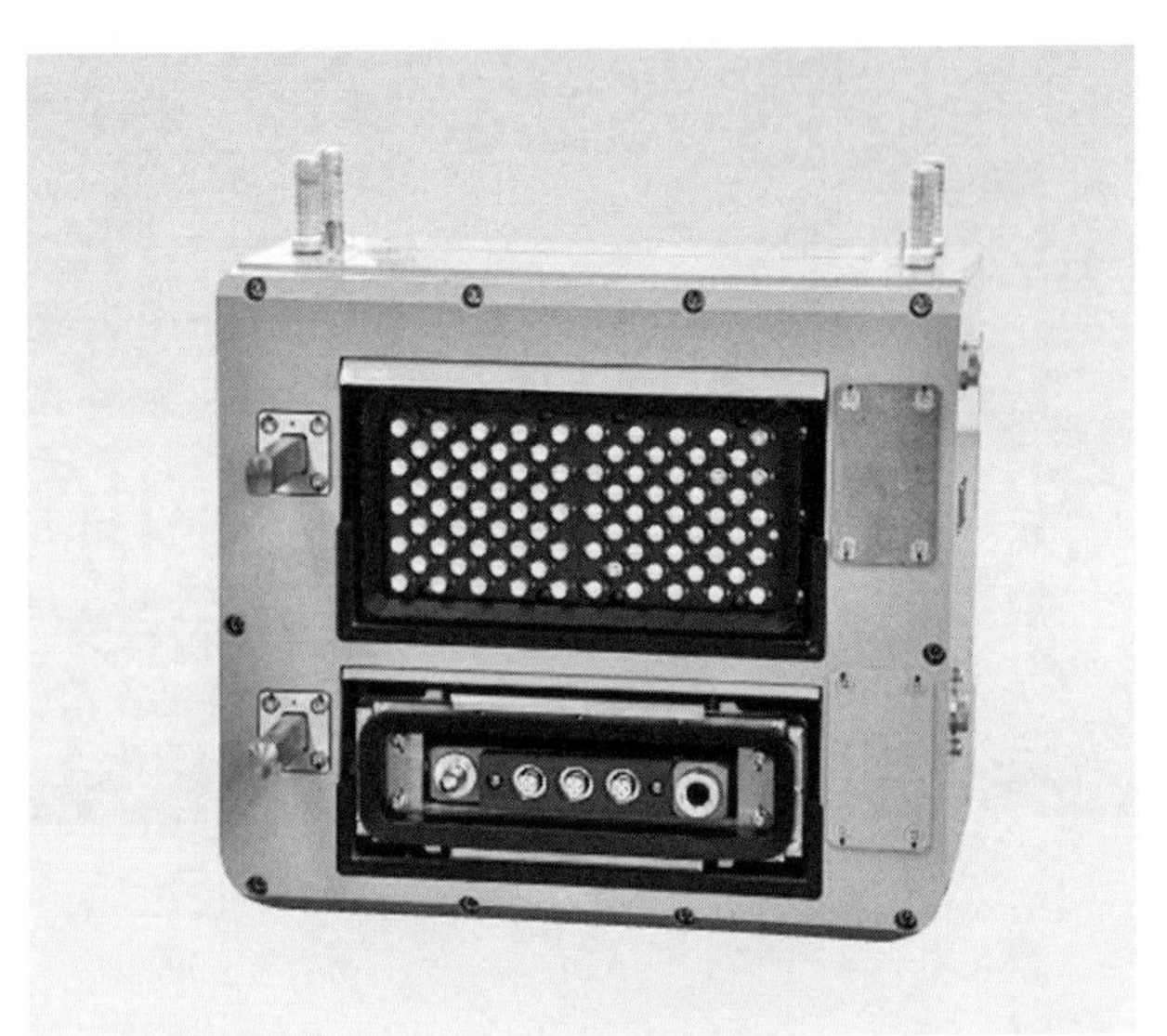

新たに開発されたイーサネット対応電気連結器

の試験では、実際に車両が走行する軌道R（曲線）条件によって車両間の寸法は異なるため、車両の設計上の車幅の枠（モックアップ）をつくり、それを2つ突き合わせ連結している状態にする。そこで、最低80Rの曲線を曲がる際に電線がどう変化するか、最適な長さはどのくらいか、などを求めている。さらに「耐久」は、ジャンパ連結器を連結した状態で、車両の走行時の揺れを再現。これを連続100万回繰り返す。「防水」は製品を水槽のなかに浸けて試験をする。

鉄道車両もコンピューターの導入

で車両間のデータのやり取りは飛躍的に増える。同社は、イーサネット伝送用接触片を内蔵した電気連結器の開発に5年ほど前から取り組み、2015年、JR西日本の227系に採用されている。さらに鉄道で培った技術を活かし、製鉄所の圧延装置で使われる装置のオートカプラーなど他分野への進出も果たしている。

「新しい車両が開発されれば必ず、新しい電気連結器が求められる。連結器を通じて、世界から認められるオンリーワン企業を目指している」と石﨑社長。文字どおり、車両の縁の下を支える確かな技術がここにある。

㈱ユタカ製作所

創立年　1948年9月
資本金　9,900万円
売上高　38億円
代表取締役社長　石﨑昌義
従業員数　171人
※『JRガゼット』2017年5月号掲載時

さまざまなレールが織り成す、軌道上の精密機械

大和軌道製造㈱

2本のレールの上を走る鉄道の車線変更には分岐器が不可欠だ。土木構造物である軌道内で唯一の精密機械である分岐器は、欠線部分があるなど線路の弱点でもあり事故も起きやすい。そのため時には100m以上の長さになることもあるがミリ単位の組立精度が求められ、製造には高度な技術を要する。その「技」で分岐器をはじめ軌道用品の素材から加工まで、一貫生産できる体制を有するのが大和軌道製造だ。

「分岐器製造のポイントは設計にあり」

世界文化遺産・国宝の姫路城から南西に直線距離で約15㎞、兵庫県姫路市の山陽電車・平松駅近くに大和工業グループの工場群がある。敷地の広さは甲子園球場11面分の42万㎡。大和軌道製造はそのなかの3万㎡を占める。中心は2棟並ぶポイント工場だ。とにかく長

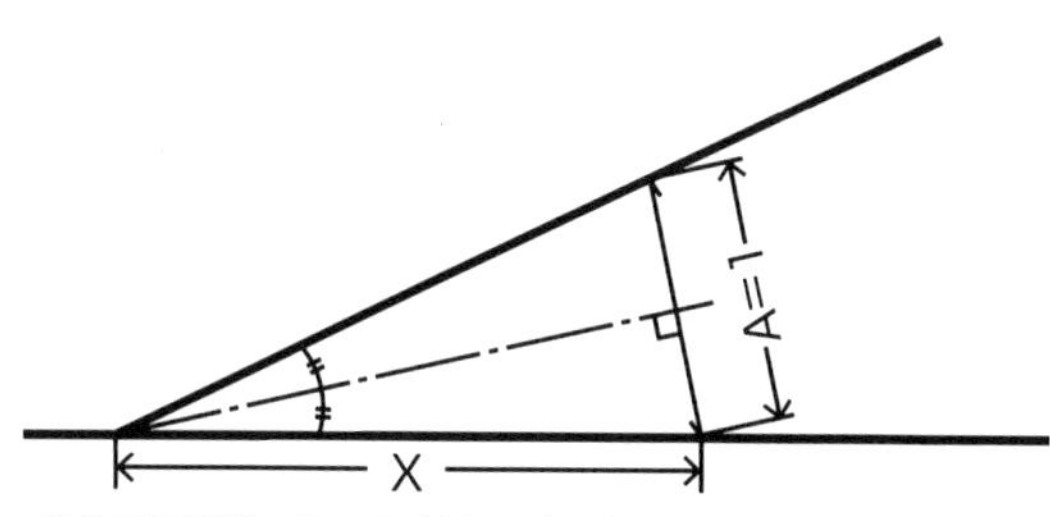

図1　分岐器の番数　A＝1に対しXがいくつになるか。その値が番数となる。たとえば「8番」はX＝8で、この数字が大きくなるほど2本の線の開く角度は緩やかになり、より高速通過が可能になる

い。製品のすべてを工場内で一度は組み上げるため建屋の全長は200m以上もある。なかに足を踏み入れる。さまざまなレールが置かれ、その脇を進むと、製造中の分岐器が。まくらぎを並べ、それぞれの部署で加工されたレールが置かれていく。その位置は基準となる水糸に対し誤差は1㎜以内。精密機械といわれる所以だ。

大和軌道は、圧延鋼材、鉄鋼製品などを手掛ける国際的電炉メーカーの大和工業を頂点とする大和グループから、2002年4月に軌道部門を分社化する形で独立した。大和グループの歴史をたどると、1944（昭和19）年の創業時、最初に手掛けたのがレールをまくらぎに固定する「タイプレート」の製造で、軌道部門はグループの元祖でもある。

分岐器は単純に2方向に分かれる「片開き」、「両開き」などから線路がX字状に交わる「クロッシング」、駅の進

入口などに見られる両方向に渡りがついた「シーサースクロッシング」まで15種類にも。また2本のレールの中心線の開き具合（前ページ図1のX値）から、8、10、12、16、18番などに分かれる。しかし実際に使用する場所により、同じ「片開き」でも形状はそれぞれ異なる。森川善男代表取締役社長は「分岐器の製造過程での『匠の技』は設計だ」と言い切る。顧客である鉄道会社から注文が来る。設計者はまず現地に赴き、地形を確認し図面を書く。再設置や修理などは顧客から「あの部分の磨耗が早い」「音がうるさい」など問題点を提起されることも多い。そのつど持てる技術から解決策を引き出していく。あとは一部を除き機械が設計どおりに加工する。森川社長が「設計が匠の技」と強調する根拠はここにある。

最新の溶接技術が生み出す、騒音防止と乗り心地の良さ

分岐器と一口にいうが、なかの構造は2つに分かれる。「ポイント」と「クロッシング」だ。「ポイント」は2本の「基本レール」と、列車の方向を決める「トングレール」が左右に動く部分だ。これに対し「クロッシング」は2方向に分かれる線路が最後に交差する部分で、「X字型」を基本としている。

「Sレール」の断面形状

「トングレール」は基本レールに接する部分がナイフのように薄く削られている。先端の厚みはわずか3・2㎜。レールの両側を機械で削り込んでつくる。そのため「Sレール」と呼ばれる特殊断面を持つものが使われる。通常のレールは車輪が載る部分の下、ウェブ（腹部）と呼ばれる所が細くくびれている。これに対し「Sレール」はウェブが3倍ほど太く、中心もずれている。細く削り込んだとき、ウェブの厚みを残すためだ。先端部分を斜めに削るには昔はプレーナーと呼ばれる機械で1本1本、人間が加工していた。しかし新幹線の登場で分岐器の通過速度が高速化し、前述の番数が大きくなることからトングレールも長くなり最大18mにも。そこで登場したのがコンピューター制御のレール加工機だ。設計どおりに指示を出せばあとはレールをセットするだけ。しかし完成後に「匠の技」が残る。2本あるトングレールのうち1本は緩やかに

レール用無人加工機

トングレールの微妙な曲がりは手作業で仕上げられる

曲がっている。その曲線をつくり出すのは人の手に頼らなければならない。完成品の表面は高周波加工で硬度を約2倍に引き上げる。それでも新幹線の車両基地の入口など、通過車両が多いところに設置されたものは半年で磨耗し取り替えが必要になるという。

工場で仮組立中のシーサースクロッシング全景（大和軌道製造提供）

次が「クロッシング」だ。この部分は向かい合った2つの「く」の字型のレール・「ウイングレール」と、そのなかにある「V」字型レール・「ノーズレール」に分かれる（次ページ図2参照）。ノーズレールは以前、2本のレールの先端を斜めに削り「入」字型に組み合わせボルトで連結していた。しかしこれでは使用につれ、ずれたり、すき間が生じるなど問題も多かった。そこに登場したのが「マンガンクロッシング」だ。マンガンを含む鉄は最初は柔らかいが、叩くなど外から力を与えると硬くなる性質がある。車輪などで叩かれれば叩かれるほど強くなることに加え、一体成型なので折損や欠損が少ない。しかし、現在これを製造するのは国内の1社のみ。大和軌道も使う場合はこの部分だけ

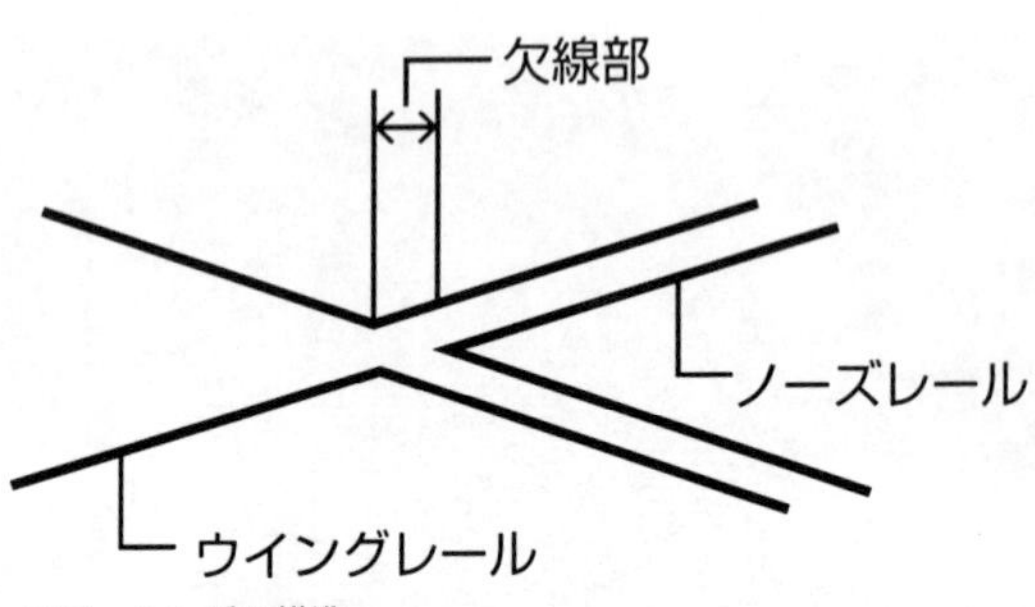

図2　クロッシングの構造

は外注になる。しかしマンガンは前後の普通のレールとの溶接が難しく、レール間にすき間があいてしまう。これを大和軌道が解決。海外のメーカーと合弁会社を設立し、マンガンと鉄の間にどちらとも溶着しやすい中間材を挿入することで溶接を可能にした。

さらに大和軌道の技は一歩先へ。電子ビーム溶接による、その名も「ＮＥＷクロッシング」を開発。先端を斜めに削ったレールを「Ｖ」字型に合わせ電子ビーム溶接装置のなかに入れる。電子ビームは真空状態のなか、毎分２００㎜で動きノーズレール部分を溶着する。継目の少ないクロッシングの誕生は、騒音防止と乗り心地の良さをもたらした。この技術で大和軌道は特許を取得している。

技と機械の合流で、軌道部品の一貫生産

分岐器が載るまくらぎにも技術革新の波が。「ＰＣ（コ

ンクリート）」まくらぎだ。そこでレールとまくらぎの接続が問題に。レールは「タイプレート」と「床板（しょうはん）」と呼ばれるものでまくらぎに固定されている。レールが1本だけ載るのが「タイプレート」で、2本以上を「床板」という。分岐器はまくらぎ1本ごとに「タイプレート」や「床板」の位置が異なる。従来の木製ならば床板などを置く位置にあとから任意に穴をあけられる。しかし耐久性に問題があり、かつ軽いため軌道が狂いやすいという欠点をあわせ持つ。そこで登場したのがＰＣまくらぎだ。重いゆえ狂いにくく耐用年数も長い。しかし分岐器に使用する場合、製造段階で床板など取り付け用のボルトの位置を決めなければならない。このため極端な話、一つひとつ、別々の型枠が必要になり費用的に合わない。そこでＰＣまくらぎのボルトの位置はある程度共通化し、タイプレートや床板の形状を変えることでこの課題を解決。日本ではじめてＰＣまくらぎを使った分岐器の製作に成功した。同時にタイプレートと床板は多品種少量生産になるが、これに対応するための最新鋭のＦＭＳ（Flexible Manufacturing System）加工機がこちらも24時間稼動し続けている。

　大和軌道はこのほかロングレールの伸縮継目、信号用軌道回路の形成に不可欠な接着絶縁レールなども製造。分岐器にも使われるボルトも自社生産し、その種類は32種類ながら

多種類の部品が収められた立体自動倉庫

長さが異なるため、3200種にもおよぶ。さらに軌道関係の部品は細かく分けると1万点以上にもなる。以前はベテラン作業員が必要に応じて探し出していたが、いまはこちらもコンピューターが管理。すべての部品をコード化して立体倉庫に収め、パソコンの画面ひとつで必要な部品が取り出せるようになっている。

分岐器はまた合流器でもある。その製造現場に「匠の技」と「精密機器」の合流がある。

大和軌道製造㈱

創立年　1944年11月
資本金　3億1,000万円
売上高　60億円
代表取締役社長　森川善男
従業員数　135人
※『JRガゼット』2017年7月号掲載時

百年の蓄積が可能にした、日本初の新幹線高速分岐器

関東分岐器㈱

進行方向を変える。鉄道の分岐器の役割は極めて単純だ。しかし、高速で走行する列車の運動エネルギーを受け止め、確実に方向転換を行うには、精密機械並みの精度が求められる。関東分岐器は創業以来101年、分岐器を中心に歴史を重ね、とくに新幹線関連では、培われた経験と技量を余すことなく発揮。日本ではじめて160km／hで通過できる分岐器を現実のものにした。

先人の2つの選択が、将来の飛躍の礎に

JR高崎線岡部駅。東京に本社を置く同社が、この地に工場を構えて73年。そのきっかけは空襲だった。

1917（大正6）年に、品川で創業した同社はその後、現在の羽田空港近くに移転する。

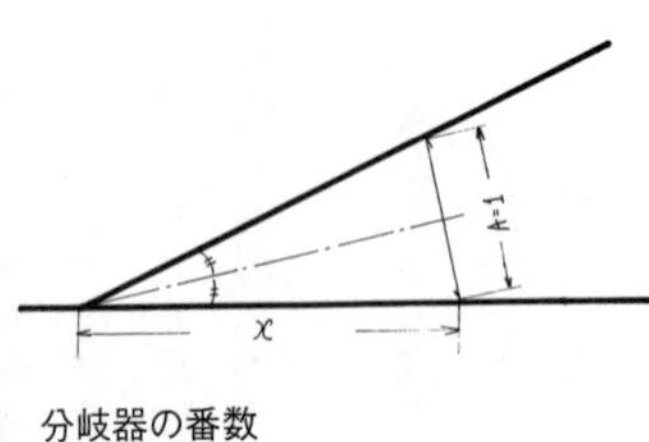

図　分岐器の番数

しかし第二次世界大戦の戦局悪化とともに、ときの政府から東京を離れるよう要請される。いくつかの候補地のなかから東京に近い小さな村の駅、という理由で岡部を選ぶ。この選択が50年後、大きな仕事が舞い込むきっかけになるとは、当時の人々は知るよしもない。

同社が分岐器を専門とする会社になったのも、政府の意向が関わっている。創業当時は分岐器を動かす転轍梃子、各種信号機、踏切の遮断機などのほか、分岐器用品も手掛けていた。しかし、いまとなってはその理由はわからないが、戦争中の1943（昭和18）年、政府から企業整備の名目で、「分岐器と信号機を同じ会社で製作してはならない」との指導があった。そこで役員協議のうえ、会社の未来像を模索し分岐器を選ぶ。

その飛躍のきっかけは、東海道新幹線の開業だった。分岐器と一口にいうが、直線の線路から、右もしくは左に分かれる「片開き」、「両開き」、折り返し駅などで見られる「渡り線」、駅の入口などの両方向に渡りが付いた「シーサースクロッシング」など、同社の会社案内に載るものだけで16種類もある。さらに同じ片開きでも、2本のレールの開き具合（右図のX値）から、8、10、12、16、18番などに分かれる。この数値が少ないほど、分岐側の曲線半径が小さい急なカーブになるため、通過速度も限られる。逆に番数が大きくなれば速度は出せるが、その分、全体が長くなる。在来線用の分岐器は10番、12番などが中心だ。しかし新幹線は、高速で通過することから、本線上は18番と大きな番数が求められる。勢い製造現場も、特別な対応を迫られる。

分岐器は構造上、大きく2つの部分に分かれる。「ポイント」と「クロッシング」だ。ポイント部は左右の基本レールと、その間で左右に動き、列車の進行方向を決めるトングレールとで成り立っている。クロッシング部は、2方向に分かれる線路が最後に交差する部分で、「X字型」を基本としている。

トングレールに使われる「Sレール」。ウェブが太く、中心がずれている

トングレールが基本レールと接する部分の尖端は数ミリ程度。さらに列車が大きく揺れることなく通過できるよう、全体を削り込みクサビのような形をしている。そのため「Sレール」という特殊なレールが使われる。通常のレールは車輪が乗る部分の下、ウェブ（腹部）と呼ばれるところが

トングレールの形をクサビ状に整える「プレーナー」

くびれている。これに対し「Sレール」はウェブがおよそ2・5倍太く、中心もずれている。削り込んだ際にウェブ部分を残すためだ。ただし、主に新幹線に使われる重い「S」は左右対称もある。

トングレールの製作は、後述の鍛造加工を経て「プレーナー」と呼ばれる切削機で焼入れ前の加工を行い、焼入れにより硬度を調整。歪み取りのあと、再びプレーナーでクサビ状に形を整える。その後、バリ取り仕上げをし、設計図どおりに曲げ基本レールと接合、クロッシング部分の取り付けなどで分岐器は完成する。

新幹線用の分岐器も基本は同じだ。しかし当時を知る、主田和嗣常務取締役・工場長は「最大の問題はその長さにあった」と振り返る。18番の全体の長さは71m、基本レールは25mで、トングレールだけでも18mもある。その加工に使う「プレーナー」も、「従来の機械では対応できず、新たに導入しなければならなかった」と主田工場長。

土木設備ながら、求められる精度はミリ単位

さらに「精度」も在来線とは比較にならない。もともと分岐器は「土木設備でもある線路のなかで、唯一の精密機械」と呼ばれるほどで、たとえばレールの間隔（軌間）は、在来線の1067㎜に対し±2㎜の誤差しか認められていない。しかし新幹線はこれが±1㎜と厳しく、トングレールに至っては頭部の削り幅を基準値の±0・5㎜以内に抑えなければならない。

「Sレール」の鍛造作業。熱したレールを型に入れ、1,200トンのプレス機で形を整える

精度を支えているのが2つの「匠の技」だ。まず鍛造。「Sレール」を使うトングレールの部分は通常（リード）レールと形状が異なる。2つのレールを接続するには、「Sレール」の後端部分を通常（リード）レールと同じ形状にしなければならない。熱を加え、型に入れ、1200トンのプレス機で形を整える。「温度、型入れ、プレスと、それぞれの工程で技の違いが出る」（主田工場長）。

もうひとつが「歪み取りと、合わせ作業」だ。トングレールは列車の進行をスムーズにするため微妙な曲線を描く。

一つひとつ設計図に従ってプレス機で曲げるが、「曲げたあと、鉄は戻る。どの程度押したら、求める曲線が出せるかは、まさに究極の技でもある」(同)。

製造設備も更新し、工場建屋も延長するなど、新幹線の分岐器をつくる会社として飛躍した同社を、1995(平成7)年、さらなる試練が待ち受けていた。

東京から高崎まで上越新幹線と同じ路線を走行する北陸新幹線は、高崎駅から3・3km新潟方面に進んだところで、進行方向を長野方面に変える。当初はこの3・3km区間を複々線化する方針で、上り線は別々の線路を敷設したが、下り線は工事費の節約から共用とし、3・3km地点に分岐器を導入することに。しかし、新幹線がそれだけの距離を走ると速度は160km/h前後に。このため分岐側の制限速度が80km/hの18番は使えない。出た答えが、日本最大の「38番分岐器」の設置だった。ではどこが製造するのか。検討を重ねた末に、関東分岐器が最終的に残った。「我が社の技術が認められたことはもちろんだが、工場が高崎に近い岡部、ということも考慮されたのでは」と主田工場長。ここで半世紀前の先人の選択が、後の会社の発展に大きく貢献することになった。

しかし、製造には18番を上回る困難が伴った。全長は135m、さらにトングレールは42mと、18番に比べ約2・3倍にもなる。18番用に導入した「プレーナー」でも一気に加

38番分岐器。左がポイント部分、右が後端部分（関東分岐器提供）

工はできない。「約25ｍと同17ｍに分けて加工し、設置現場で溶接して取り付けた」と主田工場長。さらにレールの硬度を高めるための焼入れでも一苦労。焼入れは予熱炉のなかをゆっくり通過させ、レールの温度を約７５０℃に加熱し、直後に空気を吹きかけ焼きを入れる。予熱炉の前後には、トングレールの長さが納まるだけの、空間が必要だ。従来の機械では25ｍを通すと壁にぶつかる。そこで予熱炉が設置されている建屋の壁を取り外し、さらに隣の建物の下にトンネルを掘り、空間を確保した。

製造から組立まで6カ月、通常の3倍以上の時間をかけて完成された「38番」は、１９９７年10月に開業した北陸新幹線の分岐を、いまも支えている。

さらにこの実績が買われ、２０１０年7月に開業した、成田新高速鉄道（成田スカイアクセス）にも同社の38番が採用されている。

技術の伝承は、若者の積極的登用から

分岐器は同じ「片開き」でも、地形によって設計が異なるなど、18番、38番の例を引くまでもなく、究極の多品種少量生産だ。ほとんど一つひとつ手づくりといっても差し支えない。そこでは熟練工の技がなければ成り立たない。しかし同社の工場へ足を踏み入れると、鍛造工程、歪み取り、そして組立の各現場を司る技術者は意外に若い。これについて主田工場長は「若い人の特性をいち早く見抜き、それに合った仕事をどんどん割り振ることで、技術を習得させている。それでもたとえば焼入れの方法は2種類あるが、全部できるのは2人だけなど、ベテランの存在も大きい。そのため、各工程にそれぞれ熟練工が1人就いて全体を掌握し、何かあれば指導している」と技術の伝承について語る。

絶縁部分の騒音を低減する「V字形接着絶縁レール」

培われた「技」から新たな特許も。2008（平成20）年、JR東日本と共同で「摩耗交換用中継レール」と呼ばれる技術を開発。新幹線のレールを交換する際に、新しいレールが設置される前後の摩耗具合に合わせて、新設するレールを加工し、段差をなくす技術だ。実際には前後の摩耗量

を計測し、それに応じて新しいレールに緩やかな勾配を付ける。これを数値化することに成功。現地での溶接作業の効率化に寄与している。

このほか、信号回路を形成するための、レールの絶縁部分から発生する騒音を軽減する「V字形接着絶縁レール」も同社が開発した。

今後について同社の鯛康一代表取締役社長は「さらなる開発も重要だが、国内の鉄道事業は新線建設から、既設の路線の改良、補修に軸足を移している。それに沿うべく、さらなる技術力向上に努めたい」と成熟社会を見据える。

その一方で2023年に開業予定のインド高速鉄道が待ち受ける。フランスのTGVが分岐側制限速度240km／hの65番分岐器を採用。インドでそのようなものが導入されるかはともかく、世界はさらなる高速化を求めている。

鯛社長は「インド高速鉄道の実現に向けて総力をあげて取り組むことが、インフラを支える企業の使命」と、次なる飛躍へ身構える。

関東分岐器㈱

創業年　1917年9月
資本金　7,750万円
売上高　25億円
代表取締役社長　鯛　康一
従業員数 130人
※『JRガゼット』2018年9月号掲載時

分岐器の構成部品

間隔材　Filler
レールとレールの間隔を保つための金具

ガード床材　Guard rail support
ガードレールと主レールを固定し、列車の荷重を支える部材

分岐タイプレート　Tie plate
レールを座金などの金具を利用して固定し、列車の荷重を支える部材

継目板　Fish plate
レールとレールを継ぐ金具

止め金具　Switch rail stop
トングレールがたわまないようトングレールと基本レールの間隔を保つ金具

控え棒　Stretcher bar
左右のトングレールの間隔を保持するための部材

床板　Base plate
基本レールを座金、またはレールブレスで固定し、可動するトングレールの滑り台の役目と列車の荷重を支える部材

連結板　Stretcher bar bracket
転てつ棒（控え棒）とトングレールを連結する金具

転てつ板　Switch rod
転換装置に連動して左右のトングレールを転換、基本レールに押しつけるための部材

レールブレス　Rail brace
レールの転倒を防ぐため、レールの腹部・首部を押さえる連結金具

座金　Washer
レールの底部を押さえつける連結金具

分岐器の長さ
基本レール先端～クロッシング後端（ただし、諸説あり）

分岐器は基本レールとトングレールが接する「ポイント」部と、分岐するレールが交差する「クロッシング」部に分かれる。しかし、イギリス並びに同国から鉄道を導入した国は分岐全体を「ポイント」と称している。これに対しアメリカ英語は正式名称を「ターンアウトスイッチ」というが、通常は日本と同じ進路を転換する部分だけを「ポイント」と呼ぶ。

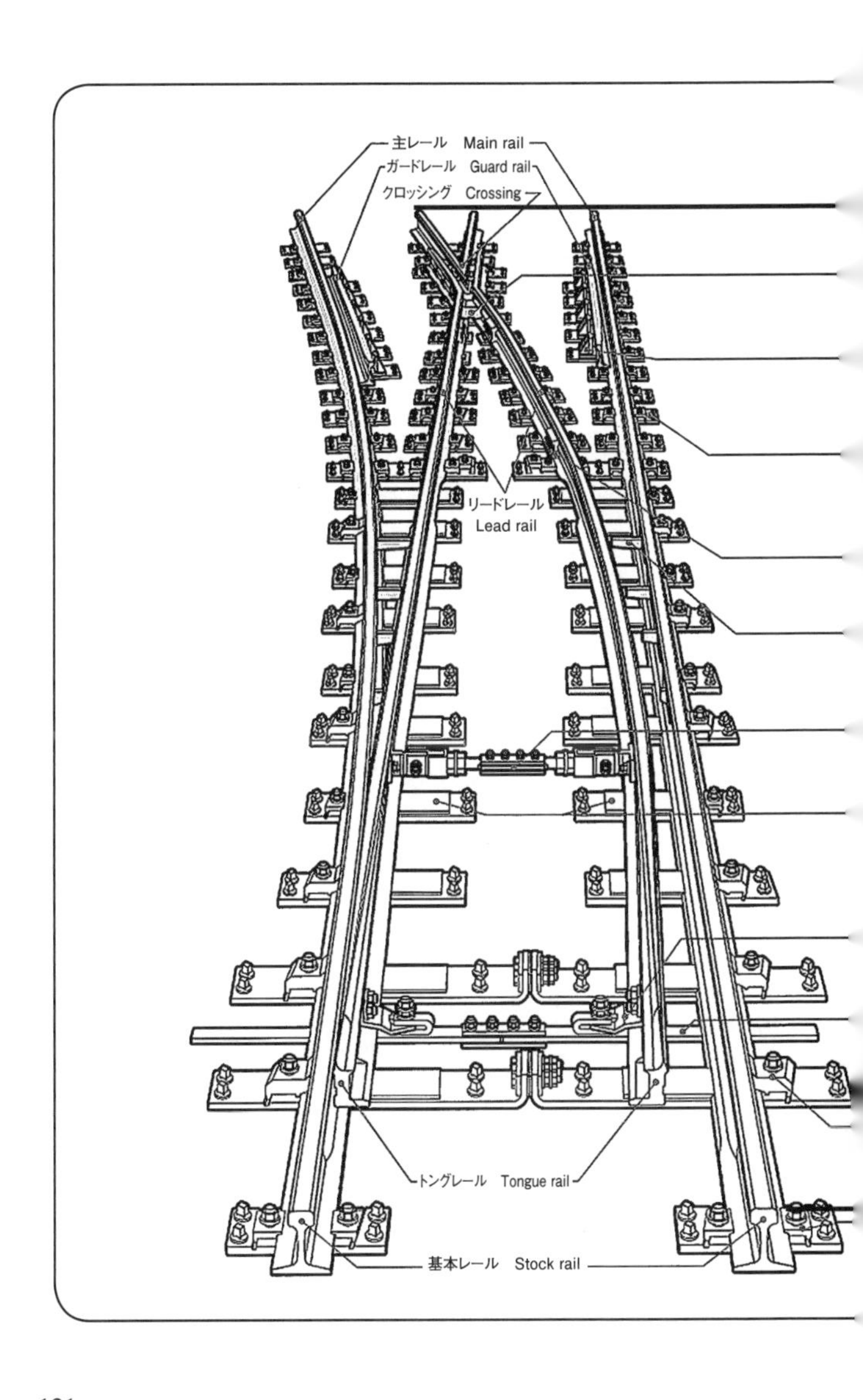
主レール　Main rail
ガードレール　Guard rail
クロッシング　Crossing
リードレール
Lead rail
トングレール　Tongue rail
基本レール　Stock rail

自在な素材で、独自につくる、パンタグラフの「すり板」

㈱ファインシンター

時速300㎞前後で疾走する新幹線。その原動力となる電気を受け取るパンタグラフの一番上で、高速で架線と接し続ける過酷な条件に耐え、モーターに電気を送り続けているのが「すり板」だ。一方、高速の列車を止めるために不可欠なブレーキ。その重要な部品がディスクブレーキのライニングだ。すり板とライニング、一見まったくの別物だが、つくり方は極めて似ている。この加速と減速の要となる部品の代表的なメーカーがファインシンターだ。

金属の粉を混ぜ、圧して、熱して、生まれる鉄道の要

パンタグラフのすり板、ブレーキのライニングはともに「粉末冶金（やきん）」という製法でつく

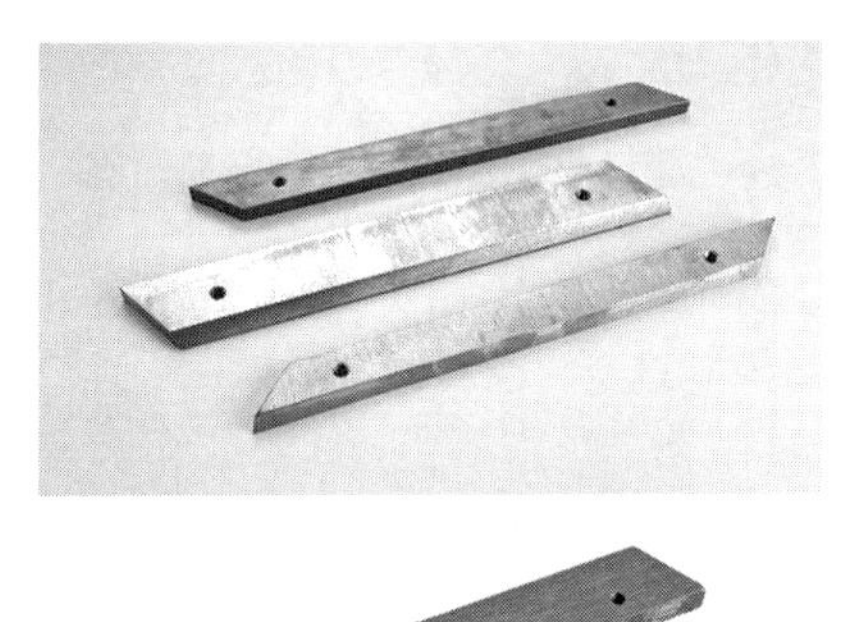

焼結すり板〔上〕とカーボン系すり板〔下〕（ファインシンター提供）

られる。鉄や銅などさまざまな金属の粉末を、金型に入れ圧縮し、それを１１００℃前後の高温で「焼結」することで、精度の高い部品をつくれる。その歴史は古い。紀元前３０００年頃に、エジプトで鉄粉を砕いて加熱し道具をつくったといわれている。日本でも、日本刀には砂鉄を利用した粉末冶金が用いられている。刃先は硬く、みねの部分は粘り強さを持つ構成は、この技術ならではといえる。

この粉末冶金の技術を用い、世界で初めてパンタグラフのすり板をつくったのが、ファインシンターの前身のひとつ、日本粉末合金だ。ちなみに同社は２００２

年10月に東京焼結金属と合併、現在のファインシンターが発足している。

電車の集電装置として最も一般的なパンタグラフが日本ではじめて使われたのは1914（大正3）年、東京駅開業に伴い、東京〜横浜間で電車運転が始まったときだった。当初は架線との接触部分にローラーが付けられていたが、集電性能が低いため、すり板に取って代わられた。当初は純銅が使われていた。その後、第二次世界大戦時の物資不足でカーボン素材が使われるようになる。カーボン素材は軽く、架線の磨耗が少ないなどの特長があり、現在も一部の鉄道で使われている。しかし電気抵抗率が高いため加熱しやすく、停車中に熱で架線を溶断するなどの欠点も目立った。

そこで着目されたのが粉末冶金だ。日本粉末合金の創業者、堤禎章氏は戦前の満鉄鉄道技術研究所などで粉末冶金の技術を習得。当時の国鉄の「電気車すり板改良研究委員会」の一員として開発に着手。東京の赤羽線（現・JR埼京線）の池袋〜赤羽間で実験を重ね、1948（昭和23）年、常磐線の全車両のすり板を受注。日本を代表する、すり板メーカーの歴史が始まった。

すり板は架線と金属同士が直接接触する。そのため双方の磨耗は避けられない。それでも架線の摩耗を極力少なくするために、すり板は可能な限り相手への攻撃性を低くしつつ、

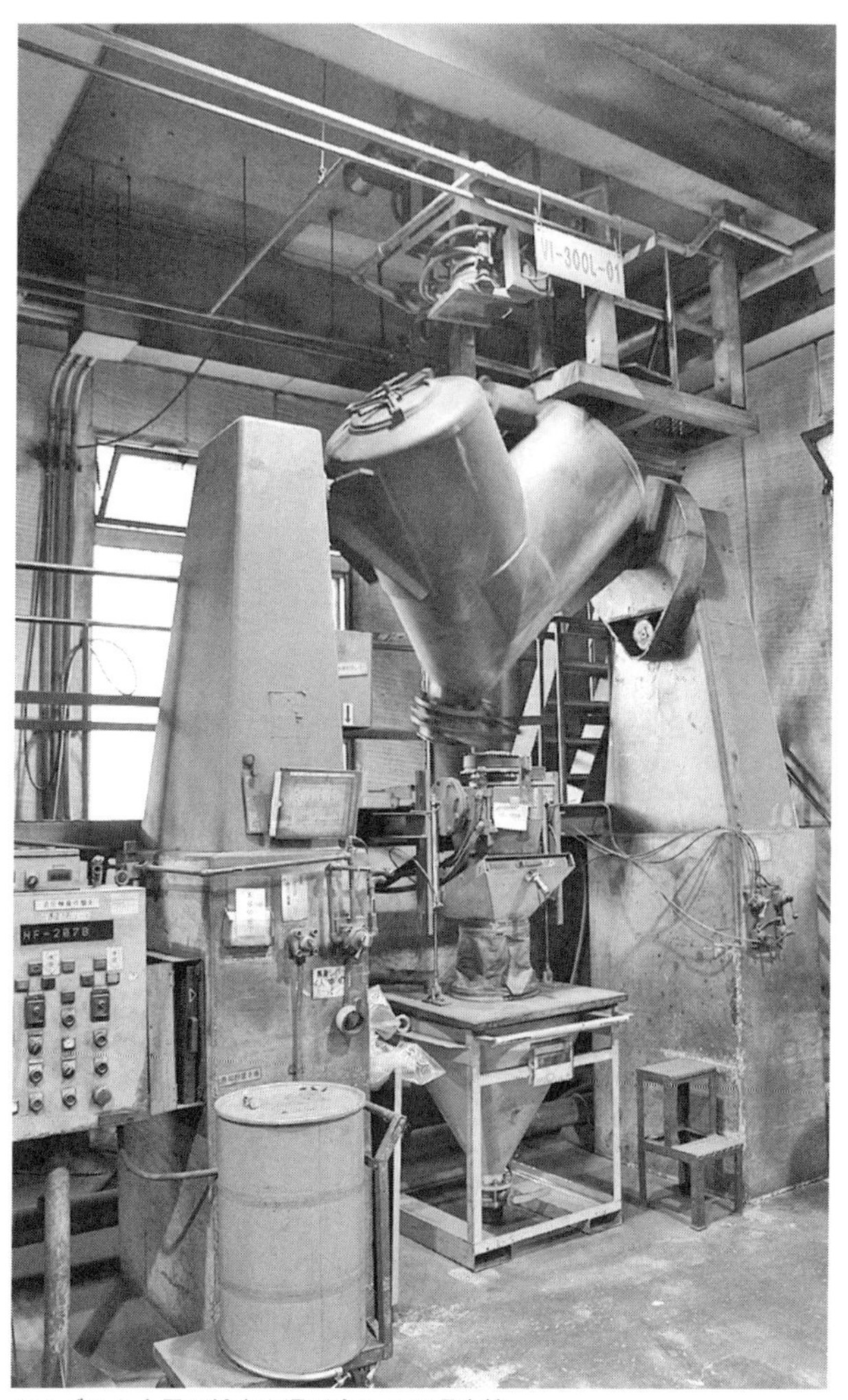

さまざまな金属の粉末を混ぜ合わせる混合機

自らの強度並びに耐摩耗性を確保するという、一見矛盾した構造を持たなければならない。そこで粉末冶金の技術が活きてくる。あらゆる金属の粉末を混ぜることができるため、求める材質が得やすいからだ。言い換えれば、混合する金属で、できあがったすり板の特性は決まる。現在、ファインシンターの製品だけでも、金属の比率は10種類以上になる。

同社ＳＢＣ部営業室の万代勝祐室長は「同じすり板でも使われる車両の最高速度、走る線区などによって、材料は微妙に異なる。さらに気象条件によっても素材は変えなければならない」と言う。

金型に入った粉末を800トンのプレス機で圧縮

たとえば寒冷地の場合、架線とすり板の間に雪や氷が浸入しやすく、それが火花を飛ばすアークの原因になりやすい。そのため耐熱性の高いすり板が求められる。しかしこのすり板を

粉末冶金の焼結炉。製品は約15時間かけて焼結される

温暖地で使えば、架線へ損傷を与えかねない。

　混合された金属の粉末は金型に入れられ、まず800トンのプレス機で圧縮される。その後、焼結炉で1000℃前後に加熱、再び圧縮し、また加熱、さらに最後に圧縮し、表面を加工し、ネジ穴を切り完成する。

在来線は銅系、新幹線は鉄系、割って入るのが炭素繊維

　新幹線用もつくり方は同様だが、材質は異なる。1964（昭和39）年の東京～新大阪間開業の2年前、国鉄に「新幹線用すり板研究会」が発足。その2年前の1960年から新幹線用の摩擦材料の開発・研究を始めていた日本粉末合金も研究会の一員になる。開通前の試験で銅系焼結合金、銅系鋳造合金、鉄系焼結合金のそれぞれ1種類ずつが試験され、

鉄系焼結合金のみが求める目標に到達。開業時から新幹線のすり板は鉄系が使われてきた。その後、一時的に銅系が併用された時期もあったが、現在は鉄系が使われている。

銅系も鉄系も技術的な切磋琢磨を経て、ある程度完成形に近付きつつある。そのなかで見直されているのがカーボンだ。前述のように軽く、架線を磨耗させにくいという大きな利点がある半面、機械的な強度が低く、電気抵抗率が高いという欠点もある。この欠点さえ改良できればと1981年から開発が始められ、すでに実用化されている。しかしカーボンを圧縮した素材は弱く、パンタグラフに固定するためのネジ穴をあけると割れてしまう。このためコの字型の銅製の「サヤ」に固定し取り付けられている。この結果「軽さ」というカーボンの特性が半減されている。

ここでファインシンターが「匠の技」を発揮する。「実は当社はカーボン系で出遅れてしまった」と万代室長。しかし、それゆえに新たな技術を開発する。

まず素材に炭素繊維を使用し、さらに電気抵抗を低くし強度を増すために、粉末冶金の技術を活かし、炭素繊維のなかに銅を溶かし込む、専門的には「溶浸」させる技術を開発。強度を増したカーボン系のすり板は、直接ボルトで穴をあけ、ネジを切ることを可能にした。この「溶浸」と「ボルト」の2つの「技」で、同社は2005年に特許を取得している。

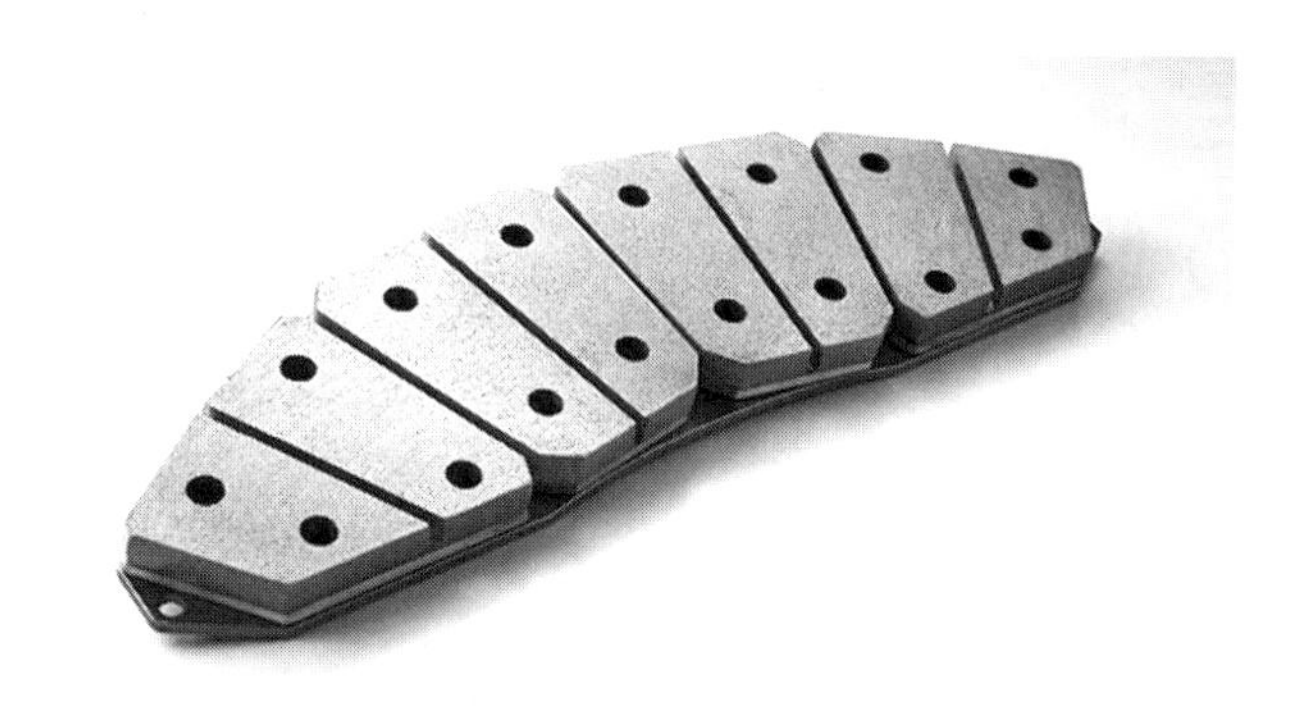

制輪子ライニング（ファインシンター提供）

強度、電気抵抗の大きな欠点を克服した、同社の炭素繊維系のすり板もまだまだ課題はある。通常の銅系に比べ約4倍になる「価格」だ。万代室長は「寿命も4倍になり、架線への影響も少ないなどの特性を考えると、コストパフォーマンスが優れた製品である」と言うが、使う側も価格には敏感だ。そこで「匠の技」は一段上を目指す。

炭素繊維を可燃性の特殊なチューブに詰めて並べ圧縮することで高価な炭素繊維の使用量を減らすことに成功。密度、強度も向上し、さらに寿命も長くなる。この「ＰＹ（プリフォームド・ヤーン）系素材」でつくられたすり板は、２０１８年に商品化されている。

すり板が列車を加速させるものなら、ブレーキは減速させる装置だ。同社は新幹線のディスクブレーキのライニングも粉末冶金で製造している。

列車のブレーキは大きく分けて2つある。三日月形の制輪子を車輪の踏面（レールに接する部分）に押し付けて止める方式と、車輪と同軸に金属の円板を取り付け、それをライニングで挟み込むディスクブレーキだ。ディスクブレーキは、自動車が先行し、日本で初めて鉄道で使われたのは1957（昭和32）年、小田急電鉄が製造したロマンスカー3000形（SE車）だ。この実績もあり、高速で走行する新幹線には、開通当初から全面的にディスクブレーキが採用された。日本粉末合金は、開通前の研究会の段階から参画。現在も日本を走る、代表的な新幹線の車両の床下で、安全確保に一役買っている。

目指すは非自動車系の売上倍増、標的はヨーロッパ

ファインシンターは合併後、自動車関連部品が売上全体の9割を占める。これについて、同社の井上洋一社長は、2017年5月、朝日新聞紙面で「鉄道部品など非自動車分野の売上の比率を、2020年までに25%まで倍増させることを目指す」と答えている。とくにすり板について「この部品には期待している」ともいう。

これに関連し、前出の万代室長は、「これからの課題は海外、とくにヨーロッパでは」

と言う。すでに台湾の新幹線には同社の制輪子ライニングが使われている。さらにアルゼンチンは営団地下鉄（現・東京地下鉄）が丸ノ内線の車両を譲渡したのに伴い、銅系のすり板が進出しているが、それ以外の国での実績はない。そのなかでやはり、鉄道が発達した国が多いヨーロッパは、魅力的という。同地では古くから純カーボン系のすり板が使われている。

「カーボン系の文化はあるが、直接ネジを切るなどというのは、彼らの発想外で、なかなか受け入れてもらえない。いかに理解してもらうかがこれから問われているのでは」とも。

同社の社章は「∞（無限）」の記号が円から少し飛び出ている。「さらなる無限を」という意味か。日本という「円」を飛び出し、世界へ向かう日はいつなのか。

㈱ファインシンター

創業年　1950年
資本金　22億300万円
年　商　375億円（2016年度）
代表取締役　井上洋一
従業員数　2,258人（2016年度末）
※『JRガゼット』2017年12月号掲載時

FINE SINTER

ファインシンターの社章

緩まないナットが支える、鉄道の安全と快適性

ハードロック工業㈱

何があっても緩まない。しかし緩めたいときは簡単に緩んでほしい。ボルト・ナットに求められるこの二律背反を解決するナットがある。ハードロック工業の、その名もハードロックナットだ。その原理は古代から使われている、クサビの応用で、まさにコロンブスの卵的発想だが、いまでは鉄道車両はもちろん、建築物、橋梁、産業機械から人工衛星まで、さまざまな場所で、物と物をつないでいる。

独立・起業のきっかけは、見本市でもらった1本のネジ

大阪府東大阪市。ＪＲおおさか東線の高井田中央駅から徒歩で数分。東京の大田区と並び、中小の製造業が並ぶ一角、屋上や壁面の社章から、正面の時計まで、六角形のナットが目立つビルが目に飛び込んでくる。ハードロック工業の本社だ。同社の歴史は、緩まな

いナットの歴史でもある。

同社の創業者、若林克彦代表取締役社長とナットとの出会いは、社の歴史よりも古い。大学を卒業後、バルブメーカーの設計技師になる。就職から数年後、大阪市での国際見本市で、「戻り止めネジ」に出会う。自宅に持ち帰り検証する。それはナットとボルトの間にコイル状のスプリングを挿入。「複雑な構造で扱いが難しく、単価が高すぎる」と、子どもの頃からの「発明好き」の血が騒ぐ。一晩考え、もっと簡単な緩まないナットを思い付く。

趣味の鉄道模型を前にハードロックナットの大型模型を持つ若林社長

ナットの上面をプレス加工し、板バネを挿入して、かしめる。ボルトにこのナットを捻じ込むと、板バネがボルトのネジ山を押さえ付け、緩みを防止する。その後、同級生の工場の機械を借り、1カ月で試作品をつくり上げた。それでもしばらくは会社勤めを続けるものの、どうしても新製品を世に出したい、との思いが募る。ついに1年後、独立。新会社は社長と実弟と友人の3人だけ。製造設備は同級生の工場の、就業時間終了後を使わせてもらうことに。まさに「ゼロからのスタート」だ。

「Uナット」と名付けた試作品を手に、問屋を回るが相手にされない。「ナットにこんなバネを付けたらJIS（日本工業規格）違反だ」。何軒回っても答えは同じ。そこで「ナットを使っているところを訪ねて、使ってもらおう」と、工場を中心に回る。そこでも追い返されそうになるが、50個ほどの試作品を無断で置かせてもらい、後日、反応を聞きにいく作戦に切り替える。

あるとき、工事現場などで使うベルトコンベアのメーカーの現場作業員が、「ナットの在庫がなくなったので」と、Uナットを使った。それが1週間経っても、1カ月経っても緩まず、当初は半信半疑だったメーカーの社長が「なんぼや」。はじめて商談が成立した。

それからは、次第に販路も広がり、数年で年商15億円にまでなる。製造も自前の設備を整えた頃、大きな壁にぶち当たる。パンフレットの「絶対緩まないナット」のひとことが仇になる。道路工事用の削岩機や、線路の道床のバラストを調整するクラッシャーなど、極めて振動の多い機器にまで使われた結果、ナットは緩み実害も発生。使用社側からは「損失を弁償しろ」と、連日のように責め立てられた。

何気なく見上げた鳥居で見付けた、緩まないヒント

「絶対緩まないナットはないのか」。追い詰められた若林社長は気分転換にと、自宅近くの住吉大社へ赴く。そこで「神の導き」があった。

ナットはなぜ緩むのか。ネジの原理に立ち返って考えるとわかりやすい。ネジは斜面の原理を応用している。古代エジプトでピラミッド建設の際、重い石を斜面を使って高いところに引っ張り上げる、あれと同じだ。ボルトに刻まれた、ねじ山という斜面に沿ってナットが動き、摩擦の力で固定される。このまま静止した状態ならば重い石も動かない。しかし斜面が振動すれば、石は次第に下にずり落ちてしまう。ナットもしかり。これが緩みだ。ならば何らかの方法でずり落ちるのを防げばいい。その答えが鳥居にあった。

神社の鳥居は釘を使わず、クサビだけで木組みをしていることに気が付く。そこで「ボルトとナットの間にクサビを打ち込めば、絶対に緩まないのでは」とひらめく。

早速、試作。ボルトとナットのすき間に溝を掘り、クサビを打ち込んだ製品を現場へ持ち込む。またひとことで断られた。「ボルトは何本あると思ってるんだ。現場でいちいち

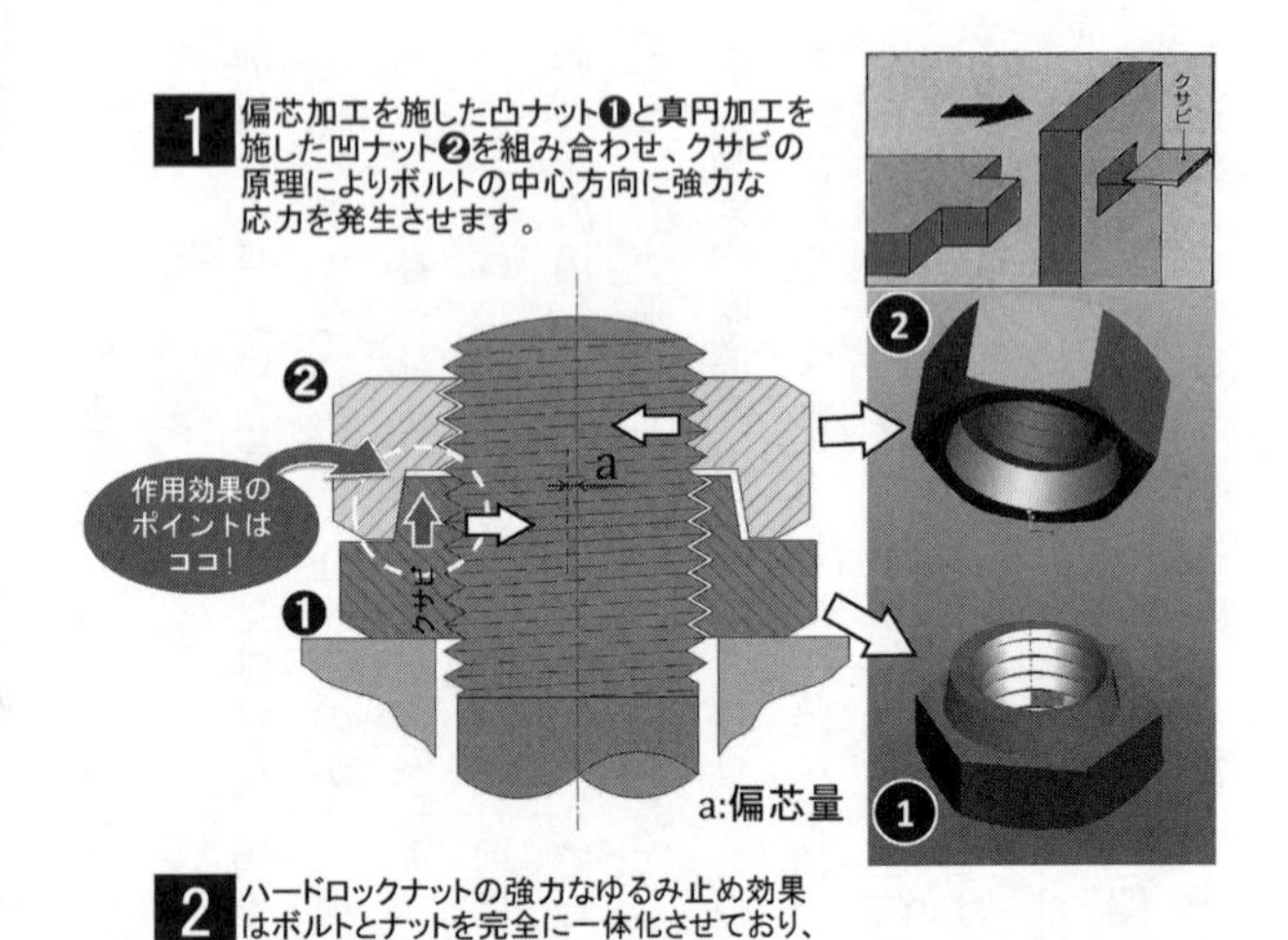

図　日本古来の「クサビ」の原理を用いたハードロックナットの緩み止め構造（ハードロック工業提供）

ハンマーで打ち込めるか」。そこでまた試行錯誤の日々が続く。1年近く考えに考えた末にたどり着いたのが「匠の技」、ナットを2つに分ける、だった。

凸型と凹型のナットをつくり、凸型は外周にテーパーを付け、中心からずらした偏心加工をする。この部分に凹状のナットを捻じ込むと、凸型がボルト軸側に押され、ボルトとナットの間にクサビを打ち込んだ状態になる（上図）。試作品も完成、名前も「ハードロック」と命名。これ一筋にかける気持ちから、「Uナット」の会社を共同経営者に無償で引き渡し、現在の会社を設立。再び「ゼロからのスタート」となった。

ハードロックナットの製造現場

営業先は、「Uナット」が緩み、苦情が来たところから始める。しかし、なかなか信用してもらえず、売上も伸びない。その一方で生産設備は必要だし、人を雇えば人件費もかかる。そこでその昔、特許を取得した、厚焼き玉子が簡単にできる卵焼き器を製品化。数年間は資金を食いつなぐことに。そんな会社の救世主は鉄道だった。

鉄道の急なカーブには脱線を防ぐために、内側にもう1本レールが敷かれている。2本のレールは間隔を保つため、ボルトとナットで固定されている。しかし列車通過時の繰り返し掛かる衝撃で緩み、毎日のように締め直さねばならない。他社に比べ曲線が多い関西のとある私鉄が「ハードロック」に着目。「試しに」と1

レールの継目にもハードロックナットが使われている

カ所だけ取り替えた。これが緩まない。この話が少しずつ広がり、レールの継目や、線路脇の防音壁の取り付けなどに使われるようになる。

　しかし同じ鉄道で失敗も。民営化前の国鉄の操車場関連職場へ。レールや架線などネジの緩みが大事故につながりかねない職場だ。ここに「絶対緩まない」と持ち込んだら怒られた。応対した職員はそれらのネジの緩みを点検し、締め直すのが仕事で、「そんなもん持ち込まれたら仕事がなくなる」と、追い返されてしまった。

　それでも脱線防止ガードを皮切りに、各私鉄が採用。さらに民営化されたＪＲでも使われるなど徐々に普及。新幹線も、設計を束ねる会社が、その効力を認め、１００系の床下機器に設計段階から導入。このためすべての車両に使われるようになる。いまでは床下の機器はもちろん、台車回りもハードロックが中心だ。2014（平成26）年の東海道新幹線の開業50周年には、「安全安定輸送に多大に貢献した」ことで、JR東海から感謝状が贈られている。

社の隅々まで行き渡る、「世の中のものはすべて不完全」

もちろん鉄道に限らない。同社の会社案内を見ると鉄道のほか、明石海峡大橋などの橋梁、各種発電所、鉱山の掘削関係の機器、東京スカイツリー、送電線などの鉄塔、さらにはロボットから人工衛星まで、すべての産業に使われているといっても過言ではない。

世界的に注目を集めるきっかけが、2005年のアメリカ機械学会の研究論文の発表からだ。そのなかでハードロックナットが、緩み防止に非常に効果があることが科学的に立証されている。

しかし思わぬ落とし穴も。あるとき、経済産業省がアメリカの航空機メーカー・ボーイング社に日本企業を紹介する場を設けた。同社も参加しハードロックナットを説明。しかし航空機用は強くて軽いことが必須だ。航空機1機に使われるナットは100万個、1g重ければ全体の重量は1トンにもなるからだ。

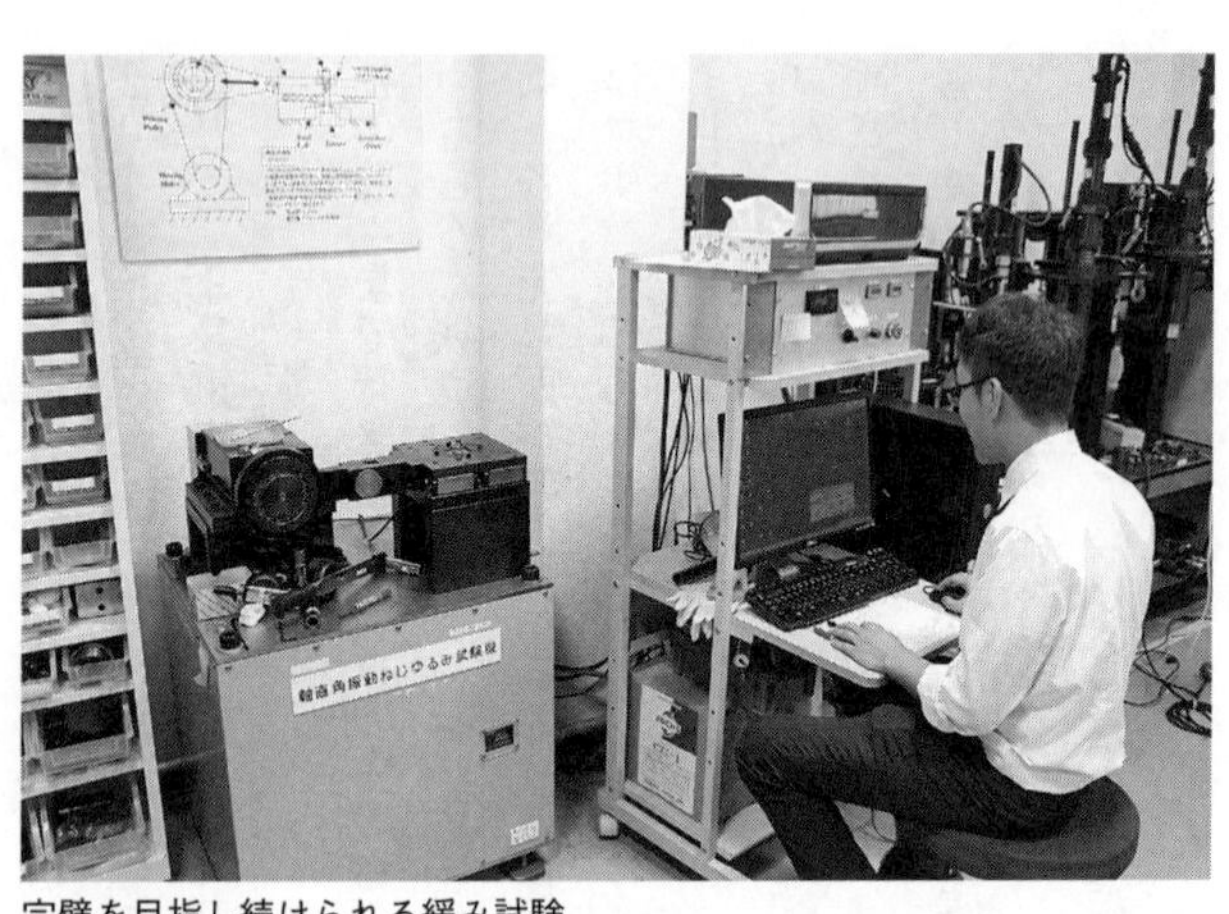

完璧を目指し続けられる緩み試験

10㎜のナットは通常は17gだが、ボーイングの求めはその5分の1以下、3gだった。そこで素材を鉄からチタン合金に変え、外径、厚みを、引っ張り強度ぎりぎりまで落とし込み、なんとか3・3gに。ナットは見事に合格。しかし、そのあとにさらなる関門が。航空宇宙用の品質マネジメントシステムの認証取得、さらには耐空証明を、国土交通省やアメリカの関係機関から取得しなければならなかった。このため単独では不可能で、現在、パートナーを探している。

さらなる進化も。本社ビルと道路を挟んだ隣には研究棟がある。そのなかでは、日々、世界的に認められた2つの方法でネジの緩み試験が行われている。

まず、アメリカ・NAS（米国航空宇宙規格）

の「加振式振動ゆるみ試験」では、一般のナットが数秒、ダブルナットが数十秒で、はじけ飛んでしまうが、ハードロックナットは規定時間の17分を経過しても、何ら変わることはない。

ドイツ工業規格に準じた「ユンカー式ネジ緩み試験」でも、ハードロックナットは非常に優秀な成績を収めている。しかし、試験に立ち会った須崎哲弥企画管理グループ長は「ハードロックも完璧ではないので、試験で若干の緩み（軸力低下）はどうしても発生する。そこの改良に向け日々の試行錯誤が続く」と言う。若林社長の「世の中のものはすべて不完全」という考え方が、社の隅々まで行き渡っている。

最後に、「次なる商品は」との問いに、若林社長は「ナットの次はボルト」とひとこと。詳しいことは一切話せないようだが、もし緩まないボルトが誕生すれば、つなぎ合わせる対象物にネジ山を切ればナットはいらなくなる。ハードなロックの世界がまたひとつ広がる。

ハードロック工業㈱

創業年　1974年4月1日
資本金　1,000万円
売上高　21億円
代表取締役　若林克彦
従業員数　90人
※『JRガゼット』2018年10月号掲載時

第三章 見守る

列車が高速で通過する線路は日々の保守・点検が欠かせない。レールの傷を見逃さない探傷車、歪みなど異常を感知する検測車などが常に見守っている。さらに地震、自然災害からいかに守るか、これも事前の備えが肝心だ。卓越した「技」の数々が鉄路を見守っている。

耐震診断と早期警報、先端技術で地震から鉄道を守る

㈱システムアンドデータリサーチ

地震がいつ来るのか。科学の粋を結集してもいまだわからない。ならば被害を最小に防ぐには建物などの耐震強化と、いざ地震が襲来したときにいち早く震源と地震の規模を特定し、素早く対応することが求められる。とくに鉄道は軌道上を列車が走行中という不安定な要素が加味されるため、より早く地震の発生を検知し、停止させなければならない。そのシステムの開発を目的に設立され、いまでは世界最速の早期地震警報システム並びに地震計を製造するのが、システムアンドデータリサーチ（ＳＤＲ）だ。

会社誕生のきっかけは、「ユレダス」の研究開発

地震の波は「Ｐ」波と「Ｓ」波に分けられる。大きな地震の場合、最初に「カタカタ」

と少し揺れ、その後「グラグラ」と大きな揺れが伝わる。この「カタカタ」が「P」波で、「グラグラ」が「S」波だ。「P」波は進行方向と波の振動方向が同じ縦波なのに対し、「S」波は進行方向に対して振動の方向が直行する横波だ。「P」波は地震としてのエネルギーは小さいが、伝わる速度は速い。これに対し「S」波は大きなエネルギーを持つが、伝わる速度は遅い。

鉄道での警報地震計の発達は「S」波検知が最初だった。1960年代後半には沿線に「S」波の発生を知らせる計器を設置。次により震源に近い可能性がある海岸線で、「S」波をとらえる装置が開発された。しかし鉄道は地震発生と同時にいち早く検知し、列車を減速させ、停止させることで被害を最小限に抑えることが求められている。その解決策として国鉄の鉄道技術研究所（現・公益財団法人鉄道総合技術研究所）は1983（昭和58）年、「ユレダス」を開発。名前は英語のUrgent Earthquake Detection and Alarm Systemの頭文字を由来とする。「P」波の発生をいち早く検知し、「S」波の到来の前に警報を発し、列車を減速、さらには停止させるシステムだ。まず世界初の「P」派警報システムとして東海道新幹線に導入された。しかし「ユレダス」は最初に「P」波を検知してから、警報を発するまでに最短で3秒かかった。これでは震源が遠く離れたところなら

システムアンドデータリサーチ本社

警報の効果もあるが、直下型など震源が近いと警報を発する前に「S」波が到来し、列車などに被害をおよぼす可能性は大きい。警報をより早く出せないか。この研究が続けられるなか、1991年にSDRは鉄道総研ユレダス推進部の研究開発および、受託業務の支援を目的として総研内に設立された。

「ユレダス」が対象とした地震は海溝型地震など震源が新幹線の沿線から遠く離れた地震で、過去に発生した地震の特性から予想される震源地域14カ所に地震の発生を感知する機器が設置された。さらに1996年には山陽新幹線でも5カ所に設置され本格稼動している。

SDRはその後も「より早い警報」に向け研究を続け、「P」波検知後1秒で警報できる「コンパクトユレダス」を開発、JR東日本の新幹線早期警報システムとして1998年11月から運用が開始された。

開発のきっかけとなったのが1995年1月17日に発生した阪神・淡路大震災だった。発生時に撮られた神戸市内のコンビニエンスストアの防犯カメラ、さらにはNHK神戸支局の地震発生時を記録したスキップバックカメラのそれぞれ映像を見ると、「P」波を感じたあと、数秒で極めて大きな地震に襲われている。現行の「ユレダス」の3秒の判断時間では警報が出る前に大きく揺れ出してしまうことを改めて実感させられた。これが「コンパクト」の開発に結びついた。

経験が可能にした「世界最速P波瞬間警報」

「ユレダス」が震源の位置、深さ、マグニチュードの全体像を把握したあと、被害地域を推定し警報を発するのに対し、「コンパクト」は「P」波検知と同時にその揺れ方（周波数）がこれまでの経験値から一定以上の大きさと推定されれば、この地震がどの程度大きくなるかを判断。その時点で警報を発するため、時間を短縮することができる。

前述のように「コンパクト」は開発と同時に東北、上越、長野（現・北陸）新幹線に設置された。その6年後の2004年10月23日に新潟県中越地震が発生。同県魚沼郡川口町（現・長岡市）を震源とするマグニチュード6・8、震源の深さ13kmの直下型地震は、阪神・淡路大震災以来の最大震度7を記録。死者68人、負傷者4800余人、全壊住宅4172棟など大きな被害をもたらした。鉄道も線路や橋脚の一部が破壊された。震源のほぼ真上に設置された「コンパクト」は、発生と同時に警報を発している。この「コンパクト」が担当していた区間には2本の新幹線、上り「とき332号」と、下り「とき325号」が

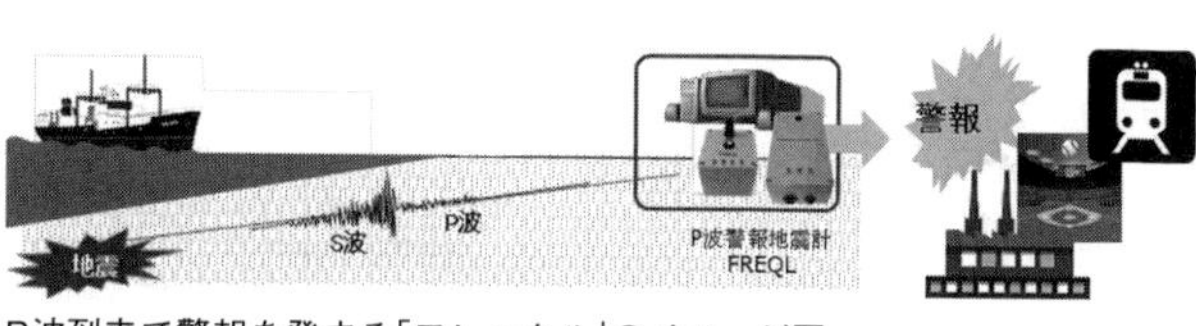

P波到来で警報を発する「フレックル」のイメージ図

走行中だった。そのうち「３３２号」は警報を受け安全に緊急停止した。これに対し「３２５号」は時速２００㎞で走行中、トンネルを出たところで警報を受け減速をはじめたが、10両編成のうち８両が脱線。それでも乗客乗員１５４人に、死者・負傷者はゼロだった。直下型地震のため「S」波到来前に列車を止めることができず、１９６４年の東海道新幹線開業以来、営業中の列車としては初めての脱線事故となった。しかし強制停電による一斉停電で、対向列車が止まるなど事故の拡大も防いだことから「コンパクト」は一定の評価を受けた。それでもこの地震を契機に「コンパクトユレダス」は新幹線から姿を消すことになった。

２００４年、ＳＤＲは早期地震警報システムＦＲＥＱＬ（フレックル）を開発する。Fast Response Equipment against Quake Load（地震力への即時対応機器）の頭文字をとって名付けられ、「振れ来る」にかけている。「ユレダス」と「コンパクトユレダス」の機能をあわせ持つのが最大の特長だ。世界の断層地帯に試験的に置かれた「ユレダス」のこれまでの観測データをもとに震源を推定する機能を向上させた。同時に

「フレックル(FREQL)」の
設置イメージ

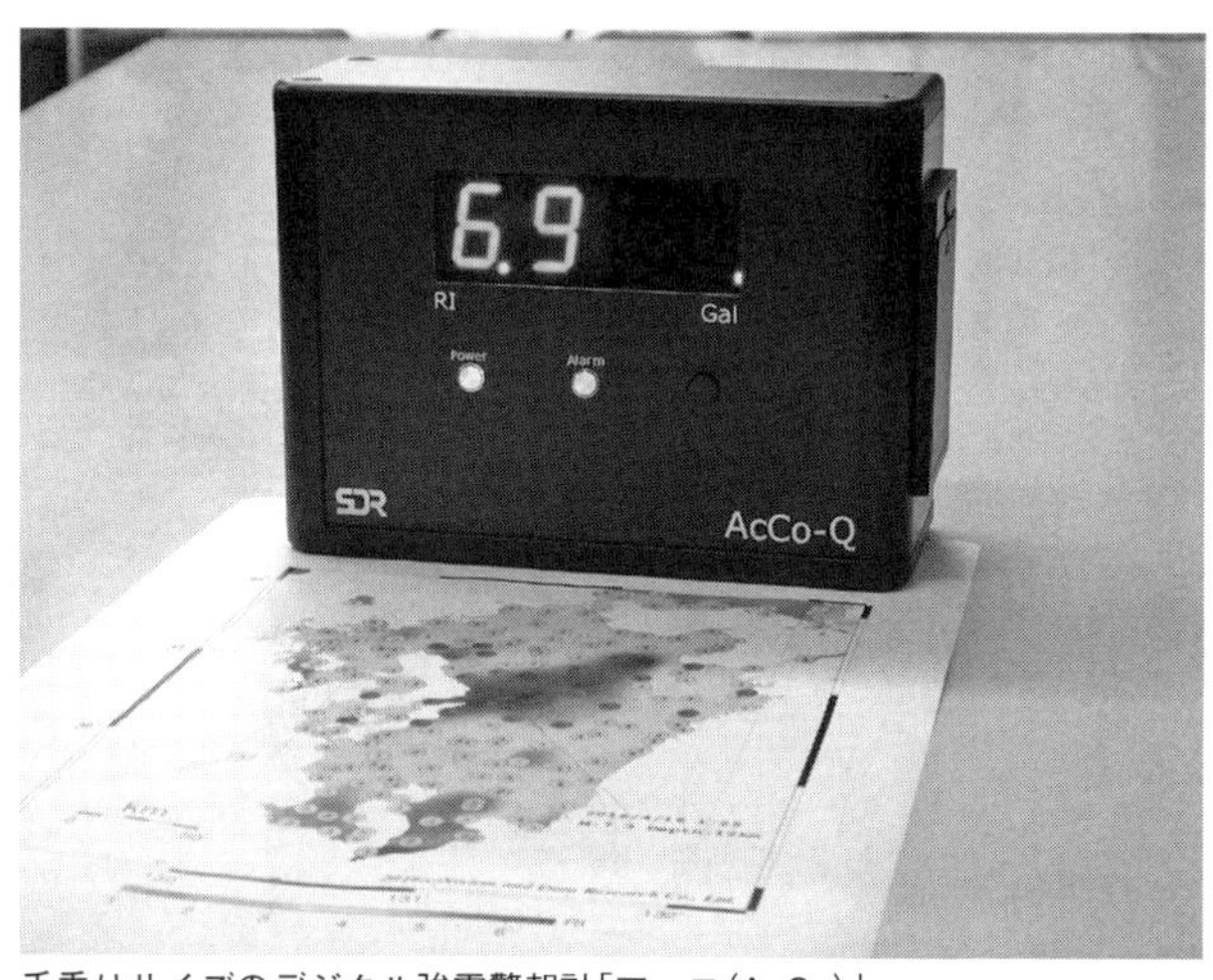

手乗りサイズのデジタル強震警報計「アッコ(AcCo)」

「Ｐ」波の推定速度を高めることで、「世界最速Ｐ波瞬間警報」を１秒以下、最速０・１秒で出すことが可能になった。

ＳＤＲは相前後してリアルタイムでの震度計測が可能で、地震波形記録機能もついた手乗りサイズのデジタル強震警報計、ＡｃＣｏ（ACceleration COllector＝加速度収集器の頭文字からアッコの愛称を持つ）を発売。「フレックル」はこの「アッコ」の機能も取り込んでいる。

２００６年には東京地下鉄（メトロ）が「フレックル」を導入し、全線の６カ所に端末を設置。２００８年に小田急、２０１５年には大阪市交通局（現・大阪市高速電気軌道）がそれぞれ「フレックル」

を導入している。さらに同3社は「アッコ」も設置、相模鉄道は「アッコ」だけを導入、いつあってもおかしくない巨大地震の襲来に備えている。

警報はあくまで補完的装置、防災の根幹は耐震補強

SDRの「匠の技」は地震が起きたときだけに発揮されるものではない。「振動」を専門とする会社は、起きる前も「耐震」「防災」の観点から研究し事業展開を進めている。

建物、橋梁などの建築物は、それぞれ揺れやすい周波数を持っている。これを「固有振動数」という。外部から同じ周波数の振動を受けると大きく共振する。このことから建物のそれぞれの箇所の固有振動数を計測すれば、地震のときにどこが一番被害を受けやすいか、言い換えればどこを補強、耐震設計にすればよいかがあらかじめわかる。SDRはこの原理を応用し、非破壊による耐震性の調査も専門としている。

1998年からはイタリア・ローマのコロッセオの常時振動測定による振動特性を数度にわたり調査。さらにピサの斜塔（イタリア）、サン・パオロ・フオーリ・レ・ムーラ大聖堂（同）、イスタンブール歴史地区（トルコ）、万里の長城（中国）、テオティワカン（メキシコ）など世界遺産の調査を行ってきた。イスタンブールでは調査のほか「フレックル」

も設置されている。

「地震国に住む限り、地震発生時に適切にその地震の大きさを感じ取る、振動感覚を鍛えるのも大事なのでは」、と話すＳＤＲの中村豊代表取締役・工学博士はさらに『『フレックル』『アッコ』の導入はあくまで発生をいち早く知るための補完的装置に過ぎない。地震に対する備えの根幹はあくまで耐震補強だ」と強調する。

鉄道も平常時に各構造物の固有振動、さらには過去の地震の被害などからそれがどんな地盤の上に建っているのかなどを把握し、それに備えた耐震補強を常に怠らないことこそが最大の地震対策、というわけだ。

㈱システムアンドデータリサーチ

設立年　1991年3月
資本金　1,000万円
売上高　1億円
代表取締役　中村　豊
従業員数　8人
※『JRガゼット』2017年8月号掲載時

危険木から鉄道を守る、新たな伐採技法

㈱マルイチ

防雪、防風、防砂。鉄道を守る樹木は多い。その半面、運行に支障をきたす木々もある。地震、台風などの災害時の倒木はもちろん、長年の間に成長し枝葉が架線、線路にせり出すことも。このため適切な伐採が常に求められる。しかし限られた敷地の鉄路ゆえ、通常の方法では伐りづらいものも数多い。この課題を自らの開発した手法で、これまでなかなか伐ることができなかった樹木の伐採を可能にしたのがマルイチだ。

不可能を可能にする、ウッドタワー工法

なだらかな斜面にうっそうとした森が広がる。その間のわずかな平地に2本のレールが伸びる。ＪＲ大糸線、ヤナバスキー場前駅（臨時駅／２０１9年3月16日廃止／長野県大町市）と南神城駅（同県白馬村）の間。人工物は鉄道関係を除けば何もない、ただただ木々

が生い茂る。そんななか、時折、場違いなチェーンソーの鋭い音が耳を劈（つんざ）く。こずえに目を凝らすとロープに吊り下がった技術者が上から少しずつ木を伐採している。これがマルイチのウッドタワー工法だ。

　日本の国土の約7割は森林だ。当然、鉄道も森を開き敷設されたところは多い。沿線の木々も開通当時は運行の妨げにならなくても、成長し幹も枝も伸ばす。とくに線路際の法（のり）面（めん）と呼ばれる斜面の木々はときに線路に覆いかぶさるように成長することも多い。また長い年月の間に枯れ、腐り、ある日突然倒れる木も。このような木々は危険木と呼ばれ、事前に伐採しなければ事故につながる可能性もある。

　森のなかでは間伐など、樹木を伐り倒すのは日常茶飯事だ。樹木が転がる平面を確保しその方向に向け根元から一気に伐り倒す。しかし線路際は、まずこの平面が確保できるところがほとんどない。さらに電化されている路線ならば通電された架線が空間を遮る。万が一伐採した樹木が、線路上に倒れたり、架線を切断すれば運休に追い込まれ、間が悪ければ大事故にもつながりかねない。そのためこれまでは夜間にクレーンを導入して行ってきた。しかし暗く見通しがきかないうえに、軌道上を走れるクレーンは吊り下げる重量に限界がある。といって線路近くに道路がなければ大型のクレーンも導入できない。

①登攀（クライミング／Climbing）

クライミングロープを利用して木に登る

②伐採・枝降ろし（リギング／Rigging）

チェーンソーで伐採し、ロープで制御しながら枝を降ろす

③集材（コレクティング／Collecting）

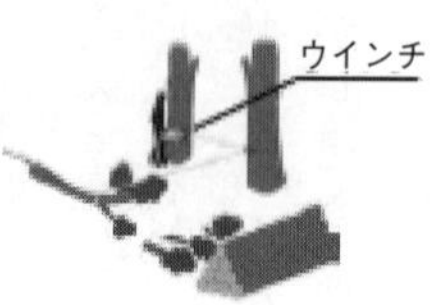

ウインチにより所定の集積場まで移動し、不要な枝を切り払う

図　ウッドタワー工法の手順

　これらの課題を解決したのが、ウッドタワー工法だ。この「匠の技」も理屈は意外に簡単だ（上図）。まず細いロープを付けた重さ約２００ｇの鉛の錘を、目指す樹木に向かい放り上げる。枝の付け根などにロープが引っ掛かれば、それを頼りに作業に耐えられるクライミングロープを樹木に固定。それを使い技術者が樹木に登る（クライミング／上図①）。上ではまず体を固定し、自ら登った木の支点より上を伐る。さらに隣接する樹木を伐ることも。伐った幹はそのまま落とすとどこへ転がるかわからず危険だ。そこで伐る前にロープを掛け切断後はロープを使いゆっくり降ろす（リギング／上図②）。ロープの一端に小型の巻き上げ機（ウインチ）を付け、伐った木々を留め置く場所まで斜めに牽けば運ぶのも簡単だ（コレクティング／上図③）。さらに鉄道ならで

は の安全対策も。隣接する両側の駅、前述の大糸線の現場ならヤナバスキー場前と南神城両駅に工事管理者を置き、列車がどちらかの駅を出発する5分前になると駅から現場の安全管理者に無線で連絡。それを受けた「列車接近5分前」の掛け声が響きわたると、列車が無事通過するまで一切の作業は停止、森につかの間の静寂が訪れる。

欧米で生まれた技術を、試行錯誤の末に日本で育てる

創業時から樹木伐採を専門としたわけではない。岩佐治樹代表取締役は新潟県山北町（現・村上市）の木材問屋に生まれる。家業は弟に任せ自らは専門学校で測量を学び、6年ほどその仕事に就く。その後、道路や鉄道林の保安点検などを専門とする会社に役員として籍を置いたあと、独立。役員当時から線路際で列車の運行に障害をおよぼす木々を安全に伐る方法はないか考えていた。ヒントはインターネットの映像にあった。欧米を発祥とする、ロープで木々に登るロープクライミングだ。元々は樹木の剪定や伐採を専門とするアーボリストと呼ばれる人々のための技術で、これが広く一般の人たちにスポーツとして受け入れられていった。

2011（平成23）年9月、東日本を襲った大震災から半年後、マルイチを設立。同時

線路際の伐採作業現場。真下を列車が走行する（JR中央線高尾～相模湖間にて。2017年5月。マルイチ提供）

に現在のウッドタワー工法の原形となるワイヤーを使った伐採方法をＪＲ各社などに売り込むものの、「5分で追い返される」（岩佐社長）など、まったく相手にされなかった。

それでも２０１２年6月、ＪＲ篠ノ井線坂北駅（長野県筑北村）構内に残る、地元の業者が手を付けられない赤松約40本の伐採依頼を受ける。ほとんど1人での作業ながら、なんとか伐採に成功する。さらに２０１３年５月、ＪＲ大糸線白馬大池駅（同県小谷村）構内で線路上にのしかかるように枝を広げていた巨木を伐採。「道具こそ違うが現在のウッドタワー工法の原形が

完成」（岩佐社長）する。

しかし独学で身に付けたワイヤーによる伐採方法には限界も感じ始めていた。やはり専門的な知識をと、調べてみると同競技の日本の中心は同県伊那市にあることが判明。早速、同市のアウトドアショップを訪ね、ロープクライミング、そしてアーボリストとしての知識を学んでいった。そこでかつてアーボリストとして活躍し、日本に移住したイギリス人、ポール・ポインター氏と出会い、同時に現在の社員となるメンバーとも知り合い、会社の体制を整えていった。

２０１５年、「ウッドタワー工法」と命名、商標登録も済ませた。同時に元請けの会社と連名で同年12月に「樹木の伐採装置」の特許を取得する。同月、ＪＲ東日本の本社でウッドタワー工法の説明会を開催。北海道から九州までのＪＲ各社に加え、私鉄関係者も１４０人が出席。会場では東京の映像製作会社に勤務していたクライマー仲間が監督となり、主に社長とポール氏が木に登り作業する姿を収録した映像を流す。臨場感あふれるシーンに参加者から驚きの声も。ウッドタワー工法が鉄道関係者に深く浸透していった。

命名から数年のウッドタワー工法だが、現在も進化しつつある。ロープは可能な限り各

ウッドタワー工法による伐採作業。枝をロープで固定し、チェーンソーで伐る（JR大糸線旧ヤナバスキー場前～南神城間にて。2017年8月筆者撮影）

市ケ谷駅付近の現場、伐採対象は電車の真上に並ぶ4本（マルイチ提供）

種取り寄せ1本1本検証。ロープの巻き上げに使うウインチも海外のアーボリストが実際に使っているものをカナダから購入、いまはエンジン付きと手動の2種類を使い分ける。

極めた技術を、本場ヨーロッパへ逆輸入

日本の鉄道路線は総延長2万余km。その沿線には伐らなければいけない樹木はまだまだ無数にある。ウッドタワー工法は安全性が理解されるとともに受注が急増。計画伐採のほか、地震はもちろん台風、降雪などによる突発的な仕事にも対応。2015年1月の関東地方の大雪ではJR中央線の高尾～大月間で多数の樹木が重い雪で倒壊。それらの除去とさらなる危険木の伐採で40時間の連続作業を強いられたこともある。

2018年9月30日、和歌山県田辺市付近に上陸した台風24号は本州中央を縦断。この影響で翌10月1日午前2時頃、JR四ツ谷駅の中央線快速の線路上で強風により木が線路上に倒れ込み、架線の柱を直撃、以後7時間にわたって列車の運行を妨げた。台風が去って詳しく調べると、同駅から飯田橋駅にかけ同線沿線にさらに約10カ所、線路際に台風などで倒壊する恐れのある樹木があることが判明した。しかし、崖の上ですぐ下は線路というところがほとんどで、側道もない。このため夜間、クレーン車を導入して伐採することは不可能だ。当然、ウッドタワー方式も検討の対象に。しかしＪＲ東日本は通常、電車運行中は伐採業務を行わない。またマルイチは逆に夜間の作業はやったことがない。そこで同年12月、試験的に四ツ谷駅近辺の１本を同方式で伐採、安全を確かめることに。試験は列車の運行になんら障害を与えることなく終了。これならと２０１９年２月、昼日中に市ケ谷駅付近の崖の上の４本を同方法で伐採、改めて同工法の安全性、確実性が立証された。

会社を成長させた動画は、いまはインターネットで誰でも見られる。「当社の『匠の技』が詰まった映像だけに、公にしたくない、という気持ちもあった。しかしウッドタワー工法の先駆者として責任を果たすため情報発信することに」と岩佐社長。さらに「全国に点在する危険木の伐採に活用してくれるのなら特許料は不要」とも言い切る。ただし「見よう見まねで導入し事故でも起こされたら、工法そのものの信用がなくなる」と、ウッドタワー研究会を設立。同時に長野市のマルイチ大岡演習場で月１回の講習会を開催している。

樹木の伐採には事故は付き物だ。しかし同社はウッドタワー工法の導入後、技術者の死傷事故はもちろん、鉄道施設を誤って壊したことも一切ない。それでも２０１６年にはスイスからレスキューの専門家を招き、万が一事故が発生したことを想定した「レスキュー講座」を開いた。その後も毎月１回、必ず同様の講座を行っている。

　ネット上での動画の公開などで、ウッドタワー工法は海外でも反響を呼ぶ。なかでも技術部長を務めるポール氏が極めたシングル・ロープ・テクニックは、その簡便性、機動性からヨーロッパを中心に関心を集め、母国イギリスでアーボリストを集めた講習会に技術部長自らが講師として出席、同工法はロープクライミングの本場へ「逆輸入」されつつある。

　マルイチの本社は新潟県村上市にある。その数km北の山形県との県境に標高555mの「日本国」という山がある。その名の由来はいくつかあるが、登れば日本を征服できるという。ウッドタワー工法が山ならぬ、日本国の危険木を征服する日もそう遠い未来ではなさそうだ。

㈱マルイチ

設立年　2011年9月
資本金　1,000万円
売上高　1億4,000万円
代表取締役　岩佐治樹
従業員数　11人
※『JRガゼット』2017年9月号掲載時

超音波を駆使した保線技術で支える、鉄路の安全

東京計器レールテクノ㈱

「鉄の道」と書くだけに、レールはごく一部を除き鉄道にとって不可欠な存在だ。日々重い車両が通過するため衝撃と振動で、歪み、曲がり、そして内部にさまざまな傷ができる。そのまま放置すれば、乗り心地に多大な影響を与えるとともに、最悪の場合には折損などによる大事故にもつながりかねない。そのために定期的に監視し、かつ必要な措置を素早く講じなければならない。東京計器レールテクノは「レール探傷車」の日本唯一のメーカーで、探傷技術も世界トップクラスを誇る。

新幹線の登場と期を一にする、国産初のレール探傷車

東京都心から郊外へ伸びるとある私鉄の深夜。終電も無事通過。あたりが静けさを取り

JR北海道に納品した最新型の「超音波レール探傷車」（東京計器レールテクノ提供）

戻した頃、側線から1両のディーゼル機関車が本線へ。見かけは機関車だが、客車や貨車を牽引することはない。「超音波レール探傷車」と呼ばれ、走行しながらレール内部の傷、腐食などを検出し、レールの損傷などを未然に防止する。2017（平成29）年現在、日本で21両が活躍。そのうち5両は外国製だが、残り16両はすべて東京計器レールテクノ製だ。言い換えれば、同社が国内唯一のメーカーでもある。

見かけは無骨なこの車両、内部では繊細な超音波を活用している。人間は20ヘルツから20キロヘルツまでの音を聞き分けられるが、それ以上の高音は聞き取れない、その帯域を超音波という。指向性が高く物質のなかも伝

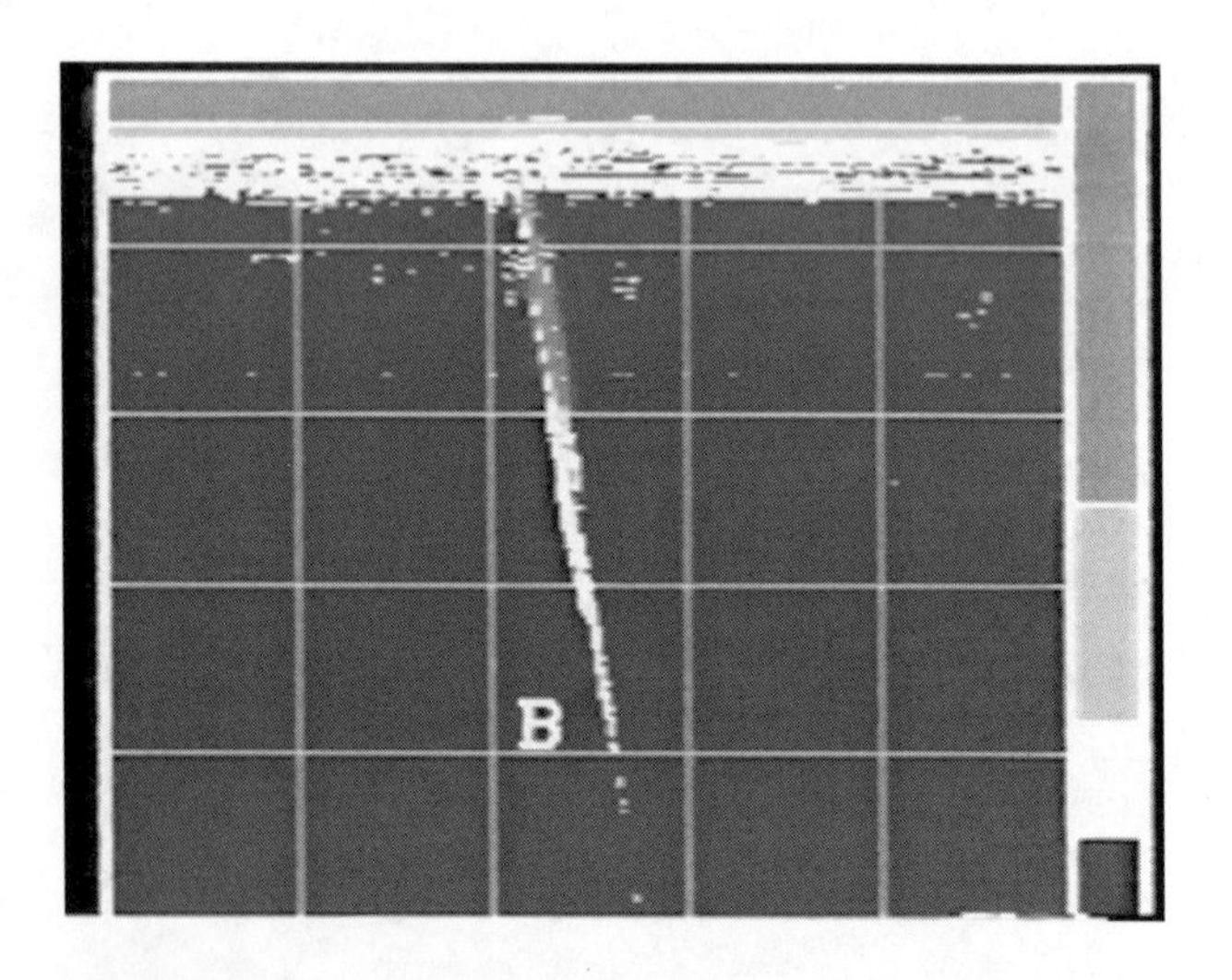

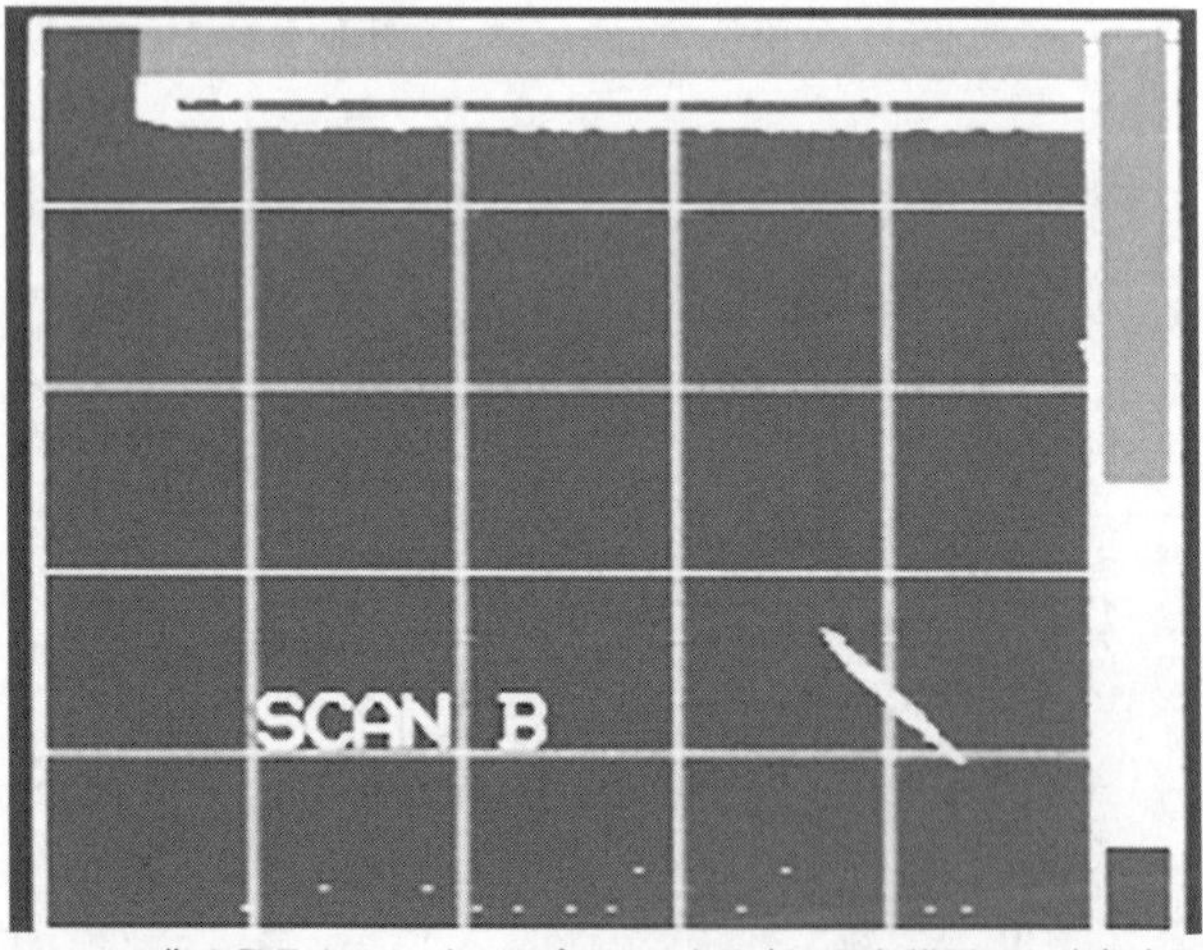

レールの傷を発見するとディスプレイに表示〈上:頭部横裂、下:腹部水平裂〉(東京計器レールテクノ提供)

わっていく。しかし均質な物体のなかでは直線的に進むが、異質の物体との境界面では反射する。レール探傷はこの原理を応用している。レールに向け超音波を発する。何もなければまっすぐ進むが、途中に傷などがあると、そのなかの空気（異質物）で反射するため、傷の有無がわかる。

１８９６（明治29）年創業と、日本初の計器メーカーとして長い歴史を持つ東京計器が、鉄道関連事業に進出したのもこの超音波がきっかけだ。それまで海外製が独占していた、軌道の保守・管理用の超音波探傷器の製作に着手。東海道新幹線が開通した翌年の１９６５（昭和40）年には、国産第１号の超音波レール探傷車が同線で使用されている。それから半世紀、１９９７（平成９）年には、東京計器レールテクノが設立し、２０１７年までに29両を製造。前述のとおり16両が現役だ。

レール探傷車は、基本的には２本のレールに対しそれぞれ８つ、計16個の超音波を発する「探触子」と呼ばれるセンサーを持つ。それがレール上０・３㎜を滑るように進む。探触子とレールのすき間の空気を排除するため水をまきながら、最大時速40㎞で走行する。探傷の部分で反射されてきたエコーは「探触子」がとらえ、車内に設けられたディスプレイに表示する。その単位はミリレベルだ。

鉄道会社によって探傷車の細かな仕様は異なるが、同社が提供できるオプションをすべて搭載すると、多方面での検査が可能になる。レール各部の傷はもちろん、通常の探傷では検出が困難なレール溶接部の融合不良、レール底部に水分が溜まる現象、踏切やトンネルなどで発生しやすい腐食も検出できる。さらにレーザー光とＣＣＤカメラでレール断面図を撮影し、あらかじめ記憶させた新品のレール断面と比較することで、レールの磨耗を調べることもできる。またＣＣＤカメラを使いレールの継目が適正かどうかを計測することも可能だ。

これら不具合の箇所は、車両上のディスプレイに映るが、その映像を記憶するのはもちろん、「マーキングシステム」も稼動。探傷走行時に傷を検出すると、レール側面に塗料を拭きつけ、後の修復作業の効率化を図る。

より正確に、地点情報を知らせる「データ・デポシステム」

さらなる地点情報を特定させる技術もある。「データ・デポシステム」は、あらかじめまくらぎ上に一定間隔で地上子を設置。これには起点からの距離を記憶させる。車両に搭載された車上子（アンテナ）が、地上子の上を通過する際に自動的にデータを読み取ることで、起点からの距離を正確に把握できる。地上子にはその先の線路の設置状況など、軌道情報も記憶させることができる。このため除雪車などに車上子を設置すれば、吹雪で視界が悪いときでも、「この先踏切があるからウイングを閉じよ」などの指令を自動的に出せる。

「ポータブル超音波探傷器」による二次検査

レールの不具合は傷だけではない。直線のレールが蛇行したり、軌間が広がったり狭まったりする異常が出たり、本来水平なはずのレール頭面の上下方向の変化、さらには左右のレールの高さに差が出ることなどが考えられる。とくに駅のプラットホームがある箇所でこのような障害が発生すると、列車とホームの間隔が変わり、最悪、列車の接触事故につながる。これを防ぐのがレーザー光を駆使する「ホーム離れ測定装置」だ。探傷車に搭載するものと、単独の牽引型がある。

探傷車で傷などが発見されると、人間の手による二次検査を改めて行う。同社が製作する「ポータブル超音波探傷器」などを駆使し、傷等をミリ単位で再検査。損傷の程度を見極める。その後は鉄道会社によって異なるが、ある鉄道会社では30㎜以上の傷があった場合は、3日以内にその箇所に補強板を付ける応急処理を行ったあとに、10日以内にレールそのものを交換。15㎜以上なら同じく3日以内に補強板を付け、30日以内に交換するという。

手押し型の「超音波レール探傷器」（東京計器レールテクノ提供）

多方面にわたり能力を発揮する探傷車は、それだけに価格も高い。1台当たり3億円から4億円する。通常の通勤車両などが1億円程度と考えると、完全注文製作の同車の価格は決して高額、というわけでもないようだが、中小私鉄にとってはとても手が出ない価格でもある。そこで登場するのが、手押し型の「超音波レール探傷器」だ。さすがに探傷車と同じとはいかないが、標準で5つの探触子がレールの内部をチェック、画像に置き換え、記憶させることができるのは探傷車と同じだ。さらに手押し型で検査できない部分は「ポー

「分岐器検査装置」

タブル超音波探傷器」などで補うこともできる。この組み合わせなら400万円前後で済む。

レールにはさらに特殊な箇所もある。分岐器だ。列車の進路を変更する装置でポイントとも呼ばれる。通常のレールに比べ構造が複雑なため保守・管理も多岐にわたる。実際に列車の進行方向を決める、クサビ形で先端にいくほど細くなるトングレールや、列車からの衝撃を受けるクロッシング部分など特別な検査が必要なところも多い。このような測定を効率良く自動化するために開発されたのが、「分岐器検査装置」だ。レーザー光をレールに照射し、その画像をＣＣＤカメラで撮影することで、各部位の磨耗と軌道変化の測定を同時に行うことができる。

作業は分岐器上で測定装置を手押しで走行させるだけなので、1カ所にかかる時間は10分程度という。

押し寄せる外資の波に対抗しつつ、目指すはさらなる海外展開

同社は「乗り心地」の測定にも一役買っている。レールに傷などがなくても、前述のようにレールは3次元で歪みが生じる。それはそのまま乗り心地の低下に直結する。「列車動揺測定装置」は車内に置くだけで、車両の一部の浮き上がりや、横揺れなどを計測。得られたデータは乗り心地向上のほか、保線業務に役立つのはもちろん、運転士の操作によって数値が異なることを活かし、技能向上などにも活用できる。

さらに、これらの機器を製造するだけではない。同社の営業技術・海外営業・技術開発担当の國分精二課長は「製造もさることながら、我が社が最も誇れることは傷を診断する技術ではないか」という。医者がレントゲンやCTスキャンの画像で患者の病気の有無、程度を診断するのと同様に、同社には鉄道で検査した画像を解析、傷を評価し、補強板の取り付けやレール交換を推奨するなどのアドバイスを行う部署がある。さらにこの「匠の技」は探傷トレーニングでも活かされている。鉄道会社の招きで講習会を開き、まったく

の新人から、探傷をはじめて3年、さらには超ベテランなどを相手に、傷の種類の見分け方などについてトレーニングをする。「匠の技」の伝授は海外でも。2010年にはベトナムでの超音波レール探傷器導入を機に、同社の技術者が現地に赴き、同器を使いこなす訓練などが実施された。

探傷車ではいまのところ国内市場を独占する同社だが、海外には大手と呼ばれるメーカーも数多い。当然のごとく、鉄道王国・日本はそれらの企業の最大のねらい目でもある。同社は国内市場を死守する一方で、逆に海外展開も考えている。

すでに韓国、台湾、香港、ベトナム、パキスタンには探傷車はまだだが、それ以外の同社の製品は進出。今後は「修理など、保守・管理体制などを考慮し、まずインドから東側のアジアに進出できれば」と國分課長。

鉄の道を支えるレール。文字どおり縁の下の力持ちを見守る超音波だけに、国境という壁を突き破り、突き進みつつあるようだ。

東京計器レールテクノ㈱

設立年　1997年9月
資本金　6,000万円
売上高　18億円
代表取締役　松沢茂美
従業員数　58人（2017年7月現在）
※『JRガゼット』2018年1月号掲載時

検査、計測から設計まで、卓越した技術が生み出す、安定した走行

㈱日本線路技術

路盤上のバラスト（砕石）にまくらぎを並べレールを敷設する線路。日々手を加えなければ列車を安全に通すことはできない。新幹線などで用いられているコンクリート製のスラブ軌道も決して万全ではない。常に状態を診断し、必要な手当てを施す保線業務が不可欠だ。日本線路技術は、創立から鉄道線路の検査、計測並びに調査、設計などを主体に業務を展開。その技術は国内にとどまらず、海外でも求められつつある。

設立のきっかけは「マヤ車」と、東北新幹線

新しい会社が設立されたのは、大きく分けて2つの理由からだった。まずひとつが軌道変位の検測だ。線路は度重なる列車の通過で歪みが生じてくる。1950年代までは保線

マヤ34形軌道検測車

作業員の足による点検に頼っていた。しかし列車の本数増加と高速化で、さらなる効率化が求められた。そのため、当時の国鉄鉄道技術研究所（現・公益財団法人鉄道総合技術研究所）が通常の列車と同じ速度で走行しながら検測を行う車両「マヤ34形軌道検測車」（マヤ車）を開発。しかし、同車両で全国の在来線を検測するためには専属の要員がいる。さらに1982（昭和57）年、大宮～盛岡間で開業した東北新幹線は、開業前に、速度向上や防振軌道（スラブ軌道）の開発のため、栃木県小山市に小山試験線を開設。そこの計測従事者も必要になった。

この2つの業務を行うために、1979年、日本機械保線から、軌道検査と調査・設計に関する営業権を譲り受け、日本線路技術コンサルタント（のちに日本線路技術に社名変更）が設立された。ちなみに日本機械保線は、1967年に、大型機械を用いて東海道新幹線の線路保守を行うことを目的として生まれた会社だ。

創立後、日本線路技術は東京本社に加え大阪、札幌に支店を置く。東北・上越新幹線の開業後の軌道検測とレール探傷、さらに1984年からは東海道・山陽新幹線の同じく軌道検測、レール探傷を開始。マヤ車での検測業務とあわせ全国的に業務を展開していった。

経営環境に大きな変化が訪れたのは、1987年の国鉄の分割民営化だ。2年後のJR四国の検測業務の直轄化を皮切りに北海道、東海、西日本と、JR各社は自社関連の企業に業務を移管。日本線路技術は本社が東京にあることなどから、JR東日本系列の会社になるも、当時の業務量の減少は存続の危機ですらあった。このため生き残りをかけ業務を拡大。そのひとつが速度向上試験における地上側での測定だった。分割後のJR各社はさまざまな新しい技術を取り入れたが、「振子車両」もそのひとつ。曲線での乗り心地を確保するために、車体を傾け高速で曲線を通過する。しかし、同時に線路にはより負担がかかる。ここに着目。地上側で振子車両がどの程度線路に影響を与えるかを測定。車両と軌道、双方の特性を見極めることで、線路への負担を軽減させる車両の開発に一役買っている。

その後はＪＲ東日本管内の新幹線、在来線全線に加え、北陸新幹線の開業でＪＲ西日本管内、北海道新幹線の開業でＪＲ北海道管内へと徐々に業務の範囲を拡大。さらに設計、コンサルティング業務では民鉄を含む日本各地へ進出、それに加え、後述するように海外でもその技術力を展開していった。

営業車の床下で見守る、軌道の歪みと損傷

では、同社がどんな仕事をしているのか。軌道検測から見てみよう。仕事の現場がドクターイエローのＪＲ東日本版、East iシリーズ（在来線電気・軌道総合検測車）の車内、と聞くと、鉄道ファンならずとも、一度は……と思うかもしれない。しかし実際の仕事に華やかさはない。新幹線用は6両、在来線用は3両の各編成のなかの1両に2〜3人一組で乗車。床下で線路の左右方向（とおり）の歪みをレーザー光線で計測。さらに線路の上下方向の歪みは、前後の台車に付けられた4軸の車輪のうち、3軸の上下動の変位で読み取る。路盤の上にバラスト（砕石）、まくらぎで固定された線路は、列車の走行で時間とともに上下左右に歪みを生じる。それをミリ単位で計測する。とくに高速で走行する新幹線はわずかな歪みでも、乗り心地に大きく影響するため、長い波長の変位を正確に測定す

East i-E（在来線電気・軌道総合検測車）

ることが求められる。
新幹線で10日に1回程度、在来線は3カ月に1回程度、検測が行われ、集められたデータは、保線担当者に送られ、作業の計画や、新幹線では作業の仕上がり確認のために使われる。さらに検査機器のメンテナンスも同時に行っている。
この軌道検測が専用車両だけではなく、営業車両でも行われることに。ＪＲ東日本は２０１６（平成28）年12月から一般車両の床下に線路設備モニタリング装置を搭載。「軌道変位」と「軌道材料」の状態を常時測定している。
具体的には２０１７年度までに山手線、京浜東北線、中央線など首都圏の各線を中心に、日光線、越後線などを走行する車両にも装着。引き続き計50編成に同装置が装着される予定だ。

「軌道変位」はレーザー光線とジャイロシステムで計測。これまでの数日から数カ月に1回の計測に比べ、日々の変位を把握することで、たとえば同じ変位でも、長期間にわたって起きたのか、ある時期から急激にはじまったのかなど、経緯をつかむことができる。さらにこのデータをもとに、管理基準値に達する時期を予想し、効率的に補修することが可能になる。

さらに床下にはもうひとつ装置が。「軌道材料モニタリング」だ。同装置は2種類のカメラ複数台で線路上を撮影。レールの締結装置のバネ・ボルト、犬くぎなどの欠損、まくらぎの破損、さらにはレールの継目板の損傷などを見つけている。

集められた膨大なデータのうち「軌道変位」に関するものは、1日1回、同社線路設備モニタリングセンターで集計する。たとえば山手線ならば、計器を搭載した編成は1日十数周走る。そのなかのひとつのデータを選び、かつ位置情報の補正などを行って、保線現場へ直送する。さらに同社は搭載機器の保守・管理を定期的に行うとともに、膨大なデータから各線路の歪みや摩耗の傾向を導き出す、CBM（コンディション・ベースド・メンテナンス）と呼ばれる、包括的なサポート体制もとっている。

一方の「軌道材料」は、まず膨大な収録画像のなかから自動的に不良箇所を抽出し、さ

軌道材料に関する画像を1枚1枚目視で確認（日本線路技術提供）

らに人間による目視判定（スクリーニング）を実施。精度の高い判定結果を保線現場に提供する。

今後、保線部門も人手不足が予想されるなかで、保線業務をいかに効率化するかが問われている。線路設備モニタリングによる一連の線路保守は「スマート・メンテナンス」と呼ばれ、関係各部門から注目を集めている。

次がレール探傷だ。前項で、東京計器レールテクノのレール探傷車を紹介したが、日本線路技術は東京計器レールテクノ製など新幹線用1両、在来線用4両と、線路上と道路の両方を走れる軌陸探傷車1両の計6両を所有。そ

れぞれの探傷車はＪＲ東日本管内の路線を分担して計測。超音波でレール内の傷の有無や摩耗を測定する。

長年の蓄積から生まれた「技」を、鉄道事業者に提供

「軌道検測」「モニタリング」そして「レール探傷」と、日々線路と向き合い、データを蓄積することとは、同時にどうすれば線路の歪みを減らし、レールの傷や摩耗を減少させられるか、言い換えれば線路の敷設段階からコンサルティングできるだけの「匠の技」の蓄積でもある。同社は「安全で安定し」かつ「環境に調和した」鉄道を目指し、長年蓄積してきた「技」を鉄道事業者に提供している。

抱える課題は事業者によってさまざまだが、たとえば橋梁上のロングレール化。橋の上は騒音が多く、ロングレール化すれば、軽減はできる。しかし、鉄橋とレール、それぞれの気温による伸縮値が異なるため、簡単にはロングレール化はできない。どこに伸縮継目を入れるのか、そこに「技」が求められる。このほか「騒音対策」「速度向上」など細部にわたる箇所への助言から、新線設計時の線路の敷設方法まで、その幅は限りなく広い。

ミャンマー国鉄で軌道整備手法の指導（日本線路技術提供）

さらに海外でも。これまでにインドネシア・ジャカルタの都市鉄道の軌道設計、ミャンマー国鉄の保線作業指導など10カ国程度でコンサルティング業務を実施している。

「技」は伝承されていかなければならない。同社は鉄道事業者向けに２０１７（平成29）年３月、教育に特化した保線技術教育事業部を立ち上げ、専門性の高い保線技術者の育成を一体的に実施できる体制を構築。これまでは先輩から後輩へ、現場で技術伝承が行われていたが、コンピューターの導入などにより、これまで以上に工学的領域に対する知識に加え、さまざまな事象やデータを的確に判断することが求められるようになった。これを受け同社は

２０１８年４月から、ＪＲ東日本の保線部門の新入社員や中堅社員を対象にした、保線技術講座を開設している。
　同社の木村英明代表取締役社長は今後について「ひとことで言えば『スマート・メンテナンス』ではないか。人口減少などで生産性向上が求められているいま、先端技術を活かし、線路を常時監視して、最適で効率的なメンテナンスを実現するとともに、そこで得たものを軌道設計やコンサルティングに反映させ、我が社の存在価値を高めていきたい」と述べるとともに、「国内なら私鉄を含む全国の鉄道会社、さらには海外も含め、多くのところで培った『技』を活かしていきたい」とも。線路は「壊れたら直すから、壊れる前に直す」へ、時代は変わりつつあるようだ。

㈱日本線路技術

創業年　1979年7月
資本金　2,000万円
売上高　24億3,400万円
代表取締役　木村英明
従業員数　152人
※『JRガゼット』2018年11月号掲載時

第四章

保つ

鉄道の日々の運行に欠かせない乗車券。印刷方法も、販売機も、コンピューターと記憶素子の飛躍的な発展に伴い進化し続けている。さらに運転士の後方の視界を確保し、駅の通路などの死角を補うミラーなど、鉄道の便利さと安全を保つ「技」をここに見た。

鏡の持つ可能性を追い求め、死角のない社会をつくる

コミー㈱

「鏡よ鏡……」と白雪姫の継母は自らの美しさを鏡に問い掛けたが、東京で半世紀にわたりその名も「気くばりミラー」に語り掛け、物語をつくってきた企業がある。それは必ずしも成功談とは限らず、苦い思いをしたこともある。しかしすべては鏡の持つ可能性を追い求めるなかから生まれてきた。その一つひとつを紐解くと、鉄道はもちろん、航空機からスーパーマーケットの店内まで、死角のない社会をつくってきたコミーの歴史が見えてくる。

つくる人、使う人、その思いの差が生む新たな商品

かつて鋳物工場が軒を連ね、キューポラの排煙筒から煙が立ち上っていた埼玉県川口市。その住宅街の一角。3階建てのビルの屋上にキューポラならぬ巨大な「?・」が回転してい

る。じっと目を凝らすと、ある瞬間「!・」に見える。建物の説明はあとに譲るとして、「?・」「!・」そして「回転」こそ、コミーを語るうえで欠かせない鍵でもある。

「?・」から車で5分のところに同社の本社がある。事務所は3階。1階から階段を一歩一歩進む。ここでも「?・」、さらに鏡が訪れる人を出迎えてくれる。事務所の扉を開けると、「いらっしゃいませ」の声。その声の主の背中にも「?・」が3つ、そして「!・」(上図)。実はこのマークが表す「なぜ、ナゼ、何故」そして「感動」こそ同社の原点なのだ。

「?・」がいっぱいの同社の創業は1967(昭和42)年。小宮山栄社長自らが曰く「一流企業のサラリーマンを3年で『脱サラ』ならぬ『落サラ』で辞めた」。その後は自動車の修理工場に百科事典の訪問販売など、さまざまな職に就くが長くは続かない。ようやくたどり着いたのが看板業。東京都豊島区駒込で始めたお店が同社の草分けだ。注文を受け看板に、そして商店街のシャッターに文字を書く。「食うには困らないが」それでも仕事の注

図　3つの「?」とひとつの「!」でつくられたコミーのロゴマーク

文が殺到することはない。余った時間がいまにつながる。いろいろなものを試作したり、考えたりしているうちに、将来の同社の要で、「匠の技」の原点でもある「回転」に行き着く。

いまでこそ、街角の喫茶店などでも目にするが、当時の回転看板は外から力が加わり回転を止められると壊れてしまうものばかりだった。「なんとか壊れないものを」と持ち前の「?・」力を発揮。モーターから看板に伝わる回転力を、外から力が加わったときにスリップさせる装置を開発、これで特許を取る。

さらに1975(昭和50)年、凸面鏡を2枚張り合わせ、なかの空間にモーターを仕込んだ「回転ミラックス」の開発を始める。「店内装飾に使っていただければ」と、「遊び半分」(小宮山社長)で展示会に出品したら、近くのスーパーが30個もまとめて購入。大量の注文に驚きながらも納品。さて何に使うのかと、お店を訪ねて「!・」。店内装飾にと思って売ったものがなんと、万引き防止用に使われていた。ここから大きな教訓を得る。

①新たな商品を開発すると、つくった側が考えもしない市場がある。

②人の「困った」を補うことは新商品の開発につながる。

この2つの教訓は、実際に使われている現場を訪ねたからこそわかったことだ。そこか

駅員から見えにくい自動改札の正面もバッチリ（都営地下鉄三田線西巣鴨駅にて）

ら実際に製品を利用するユーザー満足度を重視。いまでも社員が自社製品の使われている現場に出向き、利用者の声を聞くことを徹底している。それがまた新たな商品開発につながっている。

独自の市場を築く、農耕民族的経営

　鉄道との出会いも「困った」がきっかけだ。鉄道にとって死角は即事故に直結する。ワンマンカーの運転士の後方確認、運転士から見難い線路上の停止位置、駅構内では駅員から死角の位置にある自動券売機、さらに階段の降り口、通路の曲がり角などで多発する乗客同士の衝突事故など、「困る」は無数にある。そこにそれぞれの現場に合った鏡を考えた。

自動券売機に取り付けられた後方確認用FFミラー
(京浜急行電鉄横浜駅にて)

1992(平成4)年、東京地下鉄(東京メトロ)のほぼ全線に400枚が設置されたのを皮切りに、いまでは20社近くが駅構内の安全確保、階段、通路の衝突防止、さらにはワンマン列車の後方確認などに同社の製品を導入している。

同社の鏡の材料は軽量化のためにほとんどがアクリル素材を活用する。形状は大きく分けると3種類ある。通常の平面に加え、凸面状にすることで視野を広げた鏡、そして独自に開発した、平面ながら視野は凸面並みに広い「FFミラー」だ。その仕組みは残念ながら「企業秘密」だ。それはある苦い経験が関係している。家庭用のカラオケが流行し始めた1980年代、それに合わせミラーボールを開発。「鏡」そして「回転」はお手のもの、しかし売れると見た大手家電メーカーが参入、撤退を余儀なくされたことがある。そのため「極力、真似されることを防ぎたい」との思いは強い。同社の経営方針のひとつに「他社と競争しないために、独自の市場を築き、世界のどこにもない製品をつくる『農耕民族的企業』を実現する」がある。そのための「企業秘密」だ。

その「FFミラー」は、航空業界の「困った」も解決している。きっかけは社員の体験だ。航空機の手荷物入れは通常頭上にある。荷物を取り出すとき、背が低い人はなかを確認しづらい。「ここに鏡があれば奥に忘れ物があっても気が付くのでは」と思い、早速、

JR東日本のE5系グランクラスの荷物入れに取り付けられたFFミラー（コミー提供）

業界に詳しい人に聞いてみる。案の定「客室乗務員は手荷物入れの内部を確認するのが大変だ」との答えを得る。しかし航空機に搭載するには重量、不燃など厳しい規制が待ち受け、参入は簡単ではなかった。それでも関係者の助言を得ながら一歩一歩前進、遂に世界を代表する航空機メーカー、ボーイング社の担当者が、従業員十数人の中小企業を訪れるまでに。結局、航空会社からメーカーに対し「ミラーを付けて」の声に応える形で、鏡が取り付けられ、いまでは同社の40万枚を超える鏡が文字どおり世界を飛び回っている。

しかしここでも、つくる側と、使う側

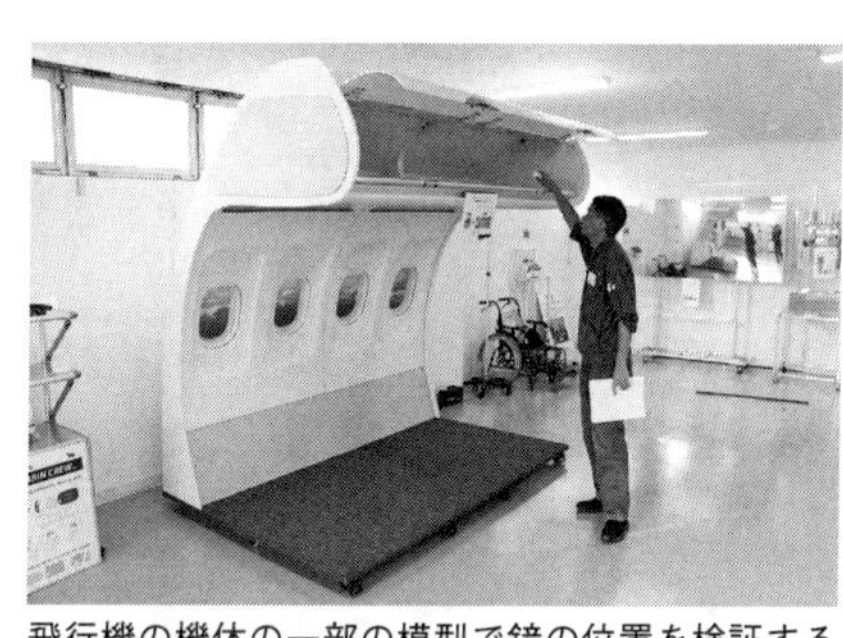

飛行機の機体の一部の模型で鏡の位置を検証する
（コミーQiセンターにて）

の思惑の違いが。同社の全員が「忘れ物チェック」で役に立っていると確信していたが、見事に裏切られる。航空会社の最大の目的は「爆弾チェック」だったのだ。

ちなみに荷物入れの鏡は鉄道にも。ＪＲ東日本のＥ５系などのグランクラス、同Ｅ６５５系「なごみ」、ＪＲ九州の特急「ゆふいんの森」、さらには南海電気鉄道の特急「ラピート」など、荷物入れにカバーが付いている車両には、こちらは純粋に忘れ物防止のための鏡が取り付けられている。

実はもうひとつ、航空業界の、というより客室乗務員の「困った」を解決している。彼、彼女らは機内の機器の見えない部分の確認から、身だしなみチェックまで、常に鏡を必要としている。しかしキーホルダーに付けられるような小さな鏡はなかなか手に入らず、皆苦労していた。そんな話から生まれたのが「CA Mirror」。縦３㎝、横５㎝の鏡は乗務員らに重宝されたのは言うまでもない。同社の一角には同ミラーが二十種類展示されている。一つひとつ裏を確

鏡に囲まれながら出荷への作業が続く(コミー本社にて)

認すると、それぞれに聞いたことがある航空会社のロゴが描かれている。ロゴの数だけ世界を股にかけている。

出会いが広げる、会社の可能性

数々の物語をつくってきた会社。ではどんな人たちがいるのだろうか。それを考えるのに参考になるもののひとつに入社試験がある。ほとんどの社員がこの20年近く同じ問題に遭遇してきた。

「血液型と性格は関係があると思いますか。あなたの考えを述べてください」。

この答えをエントリーシートに書き提出。審査に通った人だけが面接へ進める。当然のことながら模範とされる答えはない。「関係がある」

でも「関係がない」でもいい。なぜそう思うのか、説得力のある説明をしろ、ということらしい。ここでは受験勉強で培われた暗記能力は役に立たない。筆者の推測だが、「なぜ、ナゼ、何故」と考え、「どうだ、感動したか」と言わせた人だけが、背中に「?」を付け、物語をつくってきたようだ。

物語にはそれぞれの「出会い」がある。回転看板の製作から航空業界、鉄道業界などど、節目節目での出会いが、会社の可能性を広げ、自社の製品が世界に広がっていくきっかけになった。そこで50周年を機に「出会いの喜びを味わえる場」「関わる人がすべて楽しくなるような場」を開設。それが冒頭の「?」が回るビル、新しい技術拠点「コミーQ i センター」だ。「Q」は言うまでもなく「?」。そして「i」は「interest（興味）」「imagination（創造力）」「innovation（改革）」などを表す。ここでは「どこにもない製品の種を蒔き、じっくり時間をかけて育てる農耕民族的な製品開発」（同社長）がいまも続けられている。

コミー㈱

創業年　1967年
（株式会社としての設立は1973年）
資本金　2,000万円
年　商　9億1,000万円
（2016年9月期）
代表取締役　小宮山　栄
従業員数　34人
（役員・パートなど含む）
※『JRガゼット』2017年11月号掲載時

活字から立体映像まで、乗車券印刷で培われた100年の蓄積

山口証券印刷㈱

アナログからデジタルへの流れで、世のなかのさまざまな仕組みが変遷を迫られている。鉄道の乗車券もしかり。1872（明治5）年の鉄道開業から、活字で印刷された印面は自動券売機の登場で硬券から軟券へ。さらに磁気カード、ICカードの登場は乗車券の存在そのものを脅かしつつある。東京の山口証券印刷は創業直後から乗車券の印刷に携わり、時代の移り変わりとともに、自らも変革を遂げつつ、先人たちが残した技術を伝承し続けている。

デジタル社会のなか、いまも現役、明治生まれの活版印刷機

爆買いからアニメと、いまや国際都市でもある東京・秋葉原の一角、ビルの一室に乗車

券の歴史が並ぶ。国鉄時代の『乗車券類見本帳』（1951年）をはじめ、収集家には垂涎の的ともいえる、貴重な記念乗車券などの数々がガラスケースに飾られている。すべて山口証券印刷が製作に関わったものばかりで、展示されているのは、そのほんの一部という。

本社ビルの一室に並ぶ記念乗車券。すべて山口証券印刷が手掛けた

同社の創業は1921（大正10）年。神田区末広町（現・千代田区外神田）に本社を構えた。当初は通常の商業印刷だったが、京成電気軌道（現・京成電鉄）の社員の名刺を印刷した縁で、乗車券の世界に足を踏み入れる。その後、1940（昭和15）年から1951年まで社名を「山口乗車券印刷所」と改名。その後もほぼ乗車券専業の道を歩む。

同社の山口誉夫常務取締役は、「きっかけは大東急だった」と当時を振り返る。東京横浜電鉄（現・東京急行電鉄）は、戦中の1942年に小田原急行鉄道（現・小田急電鉄）と京浜電気鉄道（現・京浜

明治時代に考案され、現在も使われている「チケット機」
（山口証券印刷提供）

急行電鉄）、1944年に京王電気軌道（現・京王電鉄）と合併。戦後、再分割された。山口証券印刷はそれ以前から小田原急行鉄道の乗車券を印刷。合併、再分割を機に取引先が一気に広がった。

当時の乗車券は厚手の紙を使ったいわゆる「硬券」と呼ばれるものだが、印刷にはいまも昔も明治時代に考案された通称「チケット機」（上写真）と呼ばれる印刷機が活躍している。同社に残る3台は戦後購入したものだが、機構は明治から変わっていない。

まず別の印刷機でB2判程度の大きさの紙に地紋を印刷。次にこの紙を乗車券と同じ大きさに裁断。これを上写真右側の縦長の四角いケースにセット。紙は1枚ずつ左へ送り出

活版印刷時代の現場の様子（山口証券印刷提供）

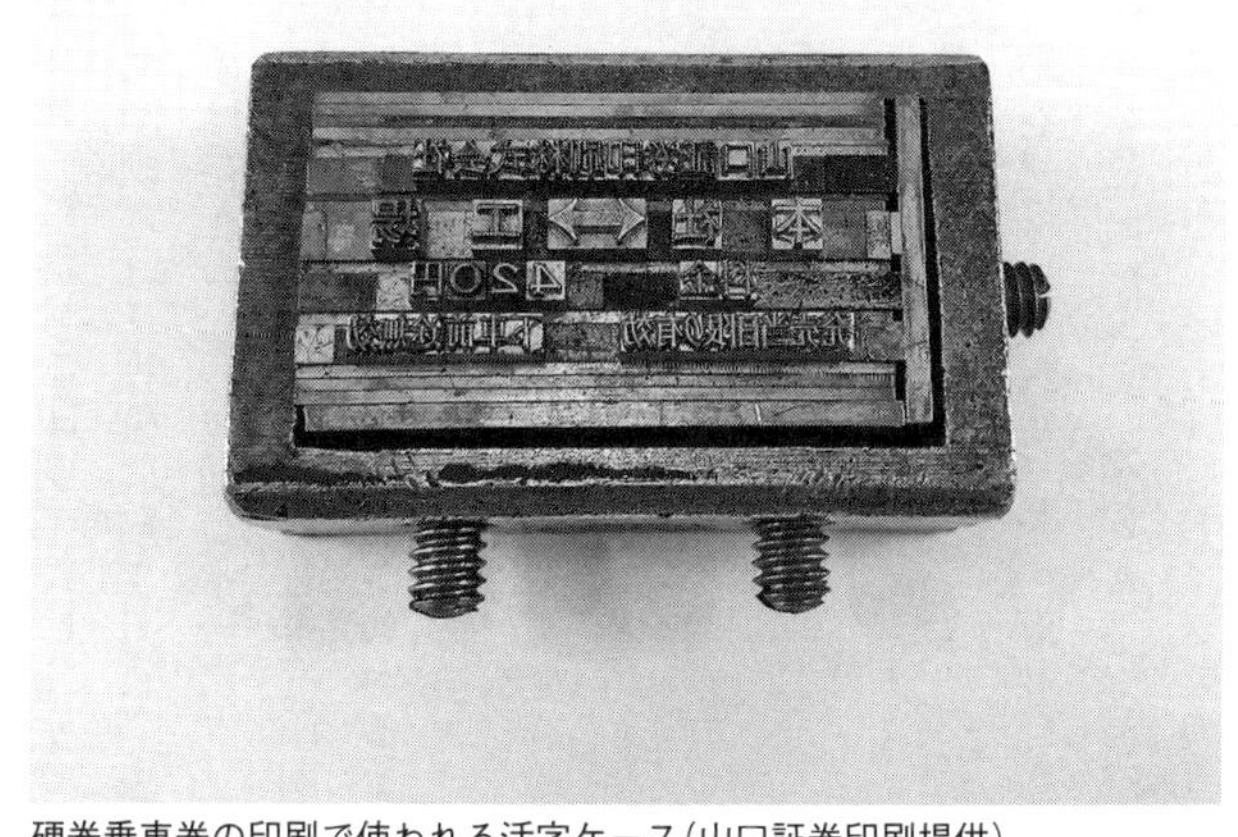

硬券乗車券の印刷で使われる活字ケース（山口証券印刷提供）

され、まず中央部分で裏面の「0001」から「9999」の番号を印刷。続いてすぐ左で表面を印刷し、左側のケースに収納される。1時間に印刷される枚数は約1万枚。表面の文字は同じでも裏の番号がすべて違うため、同じものは存在しない。通し番号にダブリが発生しないように、一度に印刷する枚数は1万枚に限られる。同じ乗車券を再度印刷する場合は、裏面の4桁の番号に加え「②」などの数字を追加、何度目の印刷かわかるようにする。

乗車券の大きさは国鉄も私鉄もほとんど変わらない。世界共通だからだ。鉄道発祥の地、イギリスで1837年に地方鉄道の駅長、トーマス・エドモンソンが考案したのが最初で、「エドモンソン型乗車券」と呼ばれている。日本でも縦30㎜、横57・5㎜の「A型券」から、大きさ別に「B」「C」「D」型券の4種類が一般的だ。

自動券売機がもたらした、「硬券」から「軟券」への流れ

この硬券の歴史に大きなクサビを打ち込んだのが自動券売機の登場だ。その歴史は意外と古い。1926（大正15）年4月に上野駅、東京駅に設置されたのが最初だが、1907（明治40）年に新橋駅にすでにあった、との説もある。いずれもドイツ製のコイ

ンバー方式で、コインの重みで硬券が1枚出てくる方式だった。戦後に入り、開発が進み電動式に。それでもすべて、あらかじめ同社などで印刷した硬券が出るだけだった。

ところが1960年代に入ると、薄い紙（軟券）に機械の内部で印刷する方式が実用化される。これで、印刷会社の工場で刷っていた乗車券が、自動券売機のなかで製造されることになり、印刷業界も対応を迫られた。同社は自動券売機用のロール紙の製作を開始。乗車券1000枚分の紙に「地紋」のみ印刷し、巻紙状にしたものの生産を開始する。券売機での印刷は「感熱式」と呼ばれる方式が主流だ。しかしこの方式は光に弱く、時間とともに表面に印刷された情報は地紋を残しすべて消えてしまう。これが思いもよらぬ硬券ブームを巻き起こす。

昭和から平成に元号が変わり、たとえば「平成2年2月22日」など、同じ数字が並ぶ日の入場券、乗車券が爆発的に売れるようになる。しかし買ってはみたものの、保存したつもりが、しばらく経って見てみると、ただの地紋だけの紙になっていることも。そこで考え出されたのが硬券の復活だった。

実は同社の先見性がこの流れを陰で支えることに。乗車券は、大きさこそ国際基準だが、駅名や鉄道会社名の配置から活字の大きさ（ポイント）まで、鉄道会社によって微妙に異なる。同社はコンピューターの登場と同時に、各種データをすべて電子化して保存。各鉄道会社からの突然の硬券の注文にも応じることができた。

とはいえ、乗車券の主流は軟券に。さらに1990年代に入ると自動改札機の普及とともにJR東日本のイオカードなど、磁気カードが使われるようになり、ますます紙の乗車券の需要は落ち込んでいった。そのなかで同社が着目したのが記念乗車券だ。各鉄道会社は、開業からの周年事業や各種催事、さらにはスタンプラリーの一日券など、さまざまな記念乗車券を発売している。券種も硬券の復活から磁気カードまでさまざまだが、同社は、各鉄道会社とともに、企画を立ち上げる段階から参画。「記念乗車券を発売するにあたり、その鉄道会社が、どのようなお客さまをターゲットにしているのか、言い換えればどの層の乗客増加を望んでいるのか、などのお話をお聞きし、企画を考える」と山口常務。

冒頭の本社ビルのガラスケースに展示されたもののなかには、東京メトロが前身の帝都高速度交通営団から民間会社に変わるときに発行した全駅の入場券、『ゲゲゲの鬼太郎』の原作者、水木しげる氏のイラストと硬券乗車券をセットにした京王電鉄の「ゲゲゲ記念切符」などなど、歴史に残る記念乗車券が数多く残されている。これらも同社が企画から参画したものばかりだ。

ところで乗車券は、「財産権を表示する証券で、持参者が労務の提供を受ける権利を有することを証明する」有価証券だ。このため取材といえども印刷している工場内に立ち入ることはもちろん、使用されている印刷機器も「企業秘密」で、一部の印刷機器は写真等で紹介することもできない。さらに有価証券ゆえに偽造防止も不可欠だ。同社100年の歴史は、同時に「偽造防止」の歴史でもある。

原点は「地紋」だ。表面を削り、駅名、金額などを不正に改ざんする古典的犯罪を防止するために、社名やロゴマークなどを複雑な模様にデザイン化したものを、あらかじめ印刷。戦前の鉄道省時代の乗車券は「IMPERIAL GOVERNMENT RAILWAY」の頭文字「IGR」を図案化した地紋を使用。同社は当時の鉄道省の許可を受け、これを模した「JPR＝JAPAN PRIVATE RAILWAY」の地紋を私鉄用に製作。一部の私鉄ではこれがいまでも使われている。このほかお札でもおなじみの、紙面のデザインの一部に極小の文字を配する「マイクロ文字」、透かし加工、さらに3次元映像を使った「ホログラム」など、高度な技術を駆使した方法はあまたある。しかし技術の進化とともに、高性能なスキャナーなど偽造する側の武器も進化。「まさにイタチごっこの状態」（山口常務）なのが現状で、「印刷方法など細かい話をすることは難しい」（同）ようだ。

チケットレスの時代に、いかに残すか先人の技

さらに技術の進歩は「偽造」の先を行っている。乗車券の消滅だ。Ｓｕｉｃａ、ＰＡＳＭＯなどのＩＣカード、さらには欧米などの鉄道では、インターネットで長距離列車などの予約をすると、送られてくるのはほとんどが表面にＱＲコードが印刷されたＡ４の紙１枚だ。同社もこの「チケットレス」の時代に対応するため、乗車券の印刷で培った技術で、各種チケットや、商品券、株主優待券といった有価証券類の印刷、ホログラフィーの技術を活かした３Ｄ（立体映像）ポスターなど各種印刷物の製作、さらには企画から印刷、加工までを一括して提案するマーケティング的展開までを手掛けている。そのなかで鉄道にこだわった商品も。文房具だ。

「Kumpel」（クンペル）の統一ロゴで発売している文房具類

企画した山口真司取締役は「１００年近く、鉄道の乗車券を印刷してきた歴史から、やはり鉄道に特化し、温故知新というか日本の伝統を活かした商品を企画した」という。

一連の文房具は「Kumpel」（クンペル）、ドイツ語で「相棒」という意味の言葉を統一ロゴに、これまでの乗車券印刷の経

験を活かし、硬券乗車券と同じ素材、製法で製作したノート、付箋、さらには乗車券収集家向けのコレクションホルダーなどを企画、発売している。

それでも同社は乗車券を印刷する会社にこだわる。山口常務は「鉄道がある地点からある地点への単なる移動手段ならば、チケットレスも仕方がないのでは。しかし家族旅行や一人旅など、移動そのものに意味があるときは乗った証、思い出づくりの意味からも乗車券は必要なのではないか」と強調。現に、ある私鉄が自動改札機への対応で、周遊券が昔の絵入りから文字だけの磁気券に。そこで同社が絵柄の付いた乗車券用の袋を提案し、乗客から好評を得た実績があるという。またチケットが不用になった欧米でも、「記念に」と窓口で頼めば昔ながらのチケットを発券してくれる。

日本だけでも150年の歴史のなかで培われてきた乗車券の印刷。デジタル社会のなかで、効率化という言葉とともにすたれつつある、先人が築き上げた「匠の技」をいかに残していくのか、創業から100年の歴史を持つ同社の挑戦が続く。

山口証券印刷㈱

創業年　1921年10月
資本金　1,000万円
売上高　20億円
代表取締役　山口明義
従業員数　60人
※『JRガゼット』2018年6月号掲載時

㈱高見沢サイバネティックス

機械遺産を礎に、独自の技術で鉄道の基盤を支える

乗車券の発売。鉄道事業者にとって、最も重要な仕事のひとつだ。明治の昔は人から人へ、そして技術の進歩とともに機械がとって代わり、現在も進化し続けている。東京に本社を置く、高見沢サイバネティックスは、電子部品メーカーの自動券売機部門が独立。世界ではじめて開発した多能式自動券売機は、機械遺産（本項末尾の注参照）に認定され、歴史に名を残す。近年は、ホームドアの部門にも進出。乗車券の販売に加え、「安全・安心」という、鉄道にとってもうひとつの根幹部分も担いつつある。

大阪万博で活躍した、世界初の多能式自動券売機

日本の普通鉄道の駅で一番高いところにある野辺山駅で知られるＪＲ小海線。同駅から

直線で北へ約30km離れた同線沿線にある高見沢サイバネティックスの長野第三工場。その一棟に「機械遺産」、世界初の「多能式自動券売機」が展示されている。

日本に自動券売機が導入されたのは1926（大正15）年4月、上野、東京両駅が最初といわれている。戦後に入り国産機の開発が進み、1962（昭和37）年、高見澤電機製作所自販機事業部が世界ではじめて「多能式」を開発した。展示されているのはその量産型で、いまでも稼働する。内部の円形ドラムの外面には、料金別にそれぞれのきっぷのゴム製の印鑑が並ぶ。乗客が機械の外側から求める金額のボタンを押すと、ドラムが回転し、ロール紙に印刷。さらに券売機の一番上に「おつりもでる」と誇らしげに書かれているように、5、10、50、100円の4種類の硬貨が使えた。

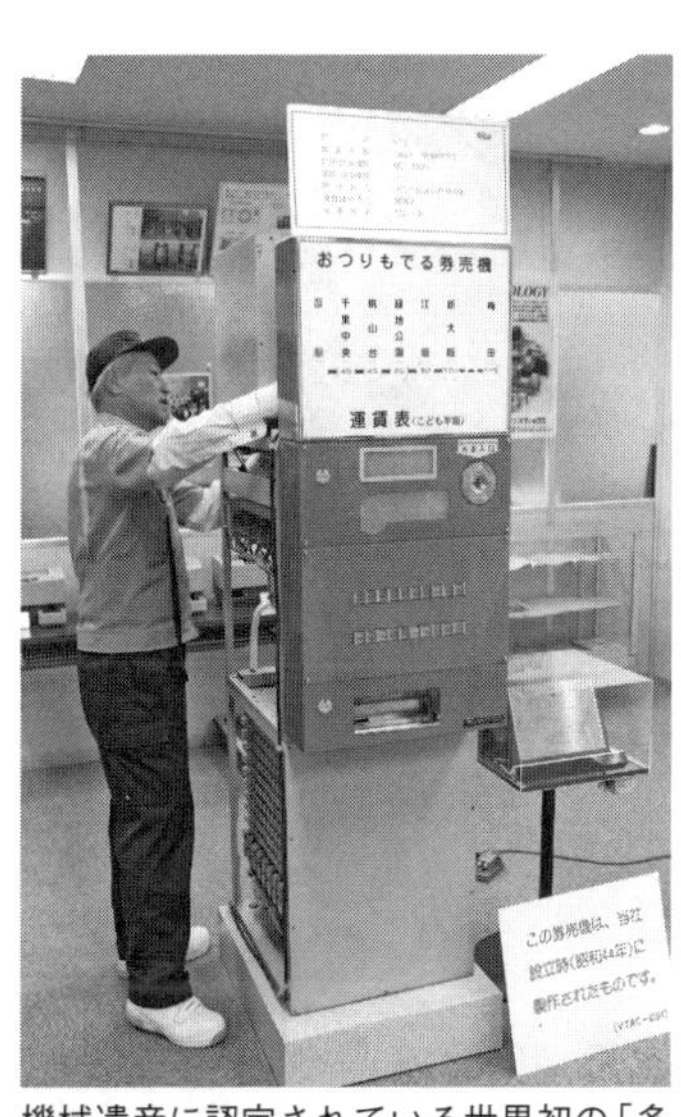

機械遺産に認定されている世界初の「多能式自動券売機」（長野第三工場にて）

　機械学会が認定にあたり、「機械技術の独創性と優秀さを示す遺産」

歴代の自動券売機が並ぶ長野第三工場のショールーム

と評価したことからも、当時は画期的な製品だったことがわかる。同機は1970（昭和45）年、大阪で開かれた日本万国博覧会で、北大阪急行万国博中央口駅（万博終了後廃止）の構内にずらりと並べられた。

高見沢サイバネティックスは1969（昭和44）年、同事業部が独立する形で創業された。その3年後の1972（昭和47）年に入社、以来、自動券売機の開発に携わってきた有田正實前専務取締役（現・顧問）は、「自動券売機の進化は、そのままマイコンからパソコンに象徴されるコンピューターと、記憶容量の飛躍的発展の歴史」と振り返る。

複数の硬貨、紙幣に対応し、複数の乗車券を発売するには、乗客が押したボタンに従ってドラムを回す。そこに何らかの計算が必要になる。「機械遺産」が生産された頃は、コンピューターはまだ一般的ではなく、電気が通れば「1」、切れれば「0」のリレーが使われた。時代とともにリレーはトランジスターからＩＣ、演算機器はマイコンからパソコンへ。計算速度の向上と小型化で自動券売機のより複雑な多能化が可能になっていった。

51カ国、310種類の硬貨を瞬時に識別

もうひとつ、自動券売機をより賢くさせたのが印刷機能だ。「機械遺産」は前述のとおり、あらかじめ用意された印鑑の数だけしか発券できない。またインクを使うため、濃すぎれば「手が汚れる」、薄いと「読めない」などの苦情が購入者から多く寄せられた。このため紫外線を照射して画像を焼き付ける「ジアゾ感光紙」や、同方式を改良した「キレート方式」などを経て、最終的に感熱紙を使い、加熱した部分だけが発色する「サーマル・ドット方式」が開発され、現在に至る。

さらに重要なのがお金を取り扱う部分だ。挿入された瞬間、額面を即時に判断し集計。同時に偽造硬貨、偽札などがあれば即座にはじき出さなければならない。さらに紙幣も硬貨も投入されたお金がそのまま、つり銭に使える、「リサイクルユニット」も不可欠だ。

同社の硬貨処理装置には「匠の技」が隠されている。投入口近くの、同社が独自に開発した金属センサーの間を硬貨が通るとその出力データで選別。日本の硬貨はもちろん、「グローバルコイン処理装置」と名付けられた同種の装置は51カ国、310種類の硬貨を選び分けることができる。同装置は国の内外で高い評価を受けている。

たとえばJR。旅客6社の多くの自動券売機は1社が単独で製作するのではない。6社それぞれの関連会社が仕切り、印刷、硬貨、紙幣など部分別にそれぞれのメーカーから供給を受け1台に仕上げている。このうち硬貨部分は「9割以上は我が社製ではないか」(有田前専務)と言う。さらに海外にも輸出され、中国では南京、成都、武漢など20都市の地下鉄の自動券売機に採用されて「出荷数は1万5000台を突破」(同)している。さらに自動券売機にとどまらず、銀行のATM、競馬場の馬券発売機などにも幅広く利用されている。

一方、私鉄各社の自動券売機は各社が競いながら完成品を納入しているが、典型的な多品種少量生産だ。少ないときは1台、多くても50台前後で、「専門的には『ユーザー都度設計』というが、各社別に印刷面の違いを中心にそれぞれ指定されたとおりに仕上げなければならない」と有田前専務はその苦労を語る。

多品種少量生産が基本の自動券売機はほとんど手づくりで製作される（長野第三工場にて）

創業から50年の歴史のなかで、「特許をとっておけば」と悔やむ「技」も。駅の自動券売機などで１００円を入れたつもりが、出てきたつり銭が足りない、などということがある。この場合、駅員にただすと、機械の裏を開けた駅員はすかさず「お客さんの入れた硬貨は50円ですよ」と自信を持った答えが返ってくる。これは同社が開発した「一時保留部」という機能があるからだ。乗客が投入した紙幣、硬貨は金額を集計したのち、一時保留部という箱に滞留する。このため、乗客がどんな種類のお金を入れたか瞬時にわかるわけだ。同社が開発した機能だが、いまではどのメーカーの券売機も当たり前のように搭載している。それゆえに「特許をとっておけば」、と

6言語8種類の表記に対応する最新型の自動券売機（長野第三工場にて）

なるわけだ。

日々進化を遂げる自動券売機だが、究極の一品ともいえるものが2018年に登場した。東京地下鉄（東京メトロ）と東京都交通局が共同で企画・設計、これを受けて同社が製造し、同年3月に銀座線、日比谷線の上野駅に導入。32インチと、ひときわ画面が大きい新機種は、日本語に加え、英、仏、西（スペイン）、ハングル、タイの6言語に中国語の簡体字と繁体字を加えた8種類の表記に対応。購入は「駅名」「路線図」「駅番号」の3つに加え、東京の主な観光スポットを選択すると、そこまでの乗車券も買える。最近急増している訪日客にはわかりづらい東京の地下鉄網だが、大型のディスプレイに引き寄せられるように集まった外国人も、さほど苦労せずに目的の乗車券を購入しているようだ。

ホームドアの2つの課題を解決した昇降バー式ホーム柵（JR拝島駅にて）

ホームドアが抱える難題を解決、昇降バー式ホーム柵

しかし、自動券売機は明るい話ばかりではない。Ｓｕｉｃａ、ＰＡＳＭＯに代表されるＩＣカード乗車券の導入、オンラインによるチケットレス化などで、「自動券売機の設置数は確実に２、３割減少している」（同）。このための次なる一手は不可欠だ。

同社は創業以来、自動券売機の開発で蓄積した「Ｔ・Ｂ・Ｃ・Ｃ」（Ｔ：チケット、Ｂ：紙幣、Ｃ：硬貨、Ｃ：カード）の処理技術を駆使し、金融機器や流通機器など新たな分野の製品に積極的に進出。現在は自動券売機中心の「交通システム機器」、硬貨処理などが中心の「メカトロ機器」、それにビルのセキュリティーゲートや、パーキングシステムの「特機システム機器」の3つの事業を柱とする。そのなかの新しい製品が、交通システム機器のホームドアだ。2006年、JR東日本系列の駅等の設備担当会社と提携し、新幹線のホーム柵を手掛け、新青森、七戸十和田両駅に納入。2009年には山手線のホームドア設置に参画している。

目の不自由な人の転落防止などの目的から急速に設置が進むホームドアだが、そこに大きく立ちはだかる2つの壁がある。車両によって扉の位置が異なることと、設置のためのホームの基礎工事だ。この2つの課題を一気に解決したのが同社製の昇降バー式ホーム柵だ。横3本の柵の上下で転落などを防止するが、両端で柵を支える柱が細く、バーの長さを変えられるため、たとえば2扉、3扉、4扉が混在する路線でも問題なく使える。さらに腰高の戸袋に扉が出入りする腰高式ホームドアに比べ、重量が半分以下なので、設置のために必要な基礎工事などが簡略化、もしくはまったく行わなくても設

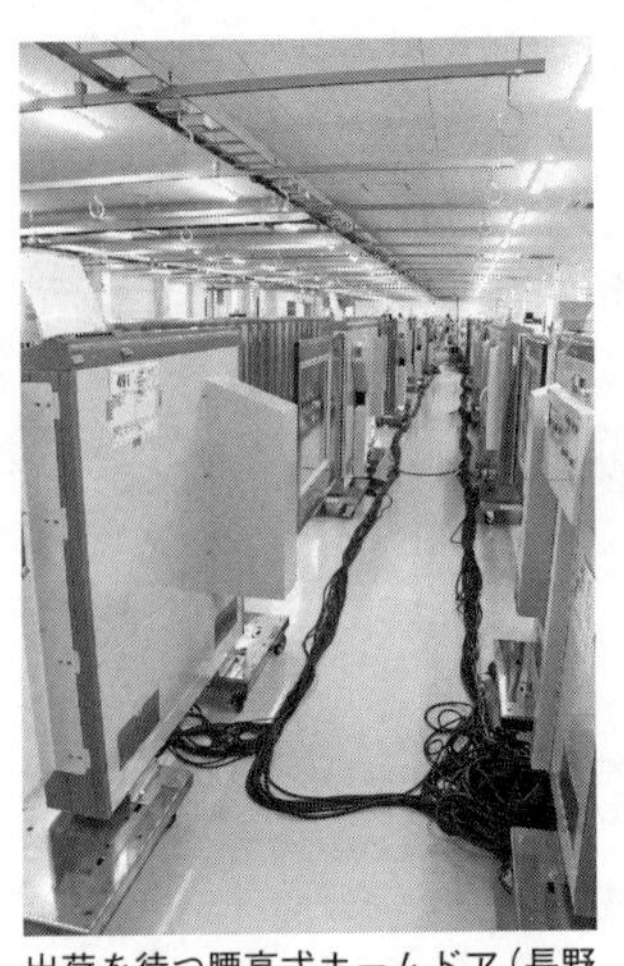
出荷を待つ腰高式ホームドア（長野第三工場にて）

置できる。現在、同方式はＪＲ八高線拝島駅５番線ホームに設置されている。しかし、私鉄の駅などでの試験的設置では、車掌から、バーを支える柱が車両の前方の見通しを妨げる、などの問題を指摘され、設計の見直しを行った。一方、腰高式のホームドアは、前述の山手線のほか首都圏の私鉄の駅などで導入が進みつつある。

ギリシヤ語の「キュベルネテス」（操舵の術）を語源とし、英語で「人間と機械の共生の研究」を意味する「サイバネティックス」。同社は技術者の技能とコンピューターの共生で、鉄道の２つの機能の未来への舵を取る。

（注）機械遺産は、一般社団法人日本機械学会が２００７年の創立１１０周年を記念し、歴史に残る機械技術関連遺産の保存と次世代へ伝えることを目的に認定。２０１８年度までに94件が認定されている。

㈱高見沢サイバネティックス

創業年　1969年10月
資本金　7億70万円
売上高　83億5,200万円
代表取締役　高見澤和夫
従業員数　421人
※『JRガゼット』2018年8月号掲載時

終章

車両のすべてを支えている車輪。その素材は、世界が「最も不純物が少ない」と認める鉄から生まれる。日本唯一のメーカが、独自の技術の回転鍛造と、切削器で削り出す、誤差はわずか0・2㎜の製品は新幹線、そして在来線の安定走行に貢献している。

日本唯一の車輪メーカー
海外へ飛躍する一貫生産の技術

新日鐵住金㈱
現・日本製鉄㈱

新幹線から路面電車まで、列島を貫く鉄道はあまたある。それぞれを走る車両の、性能はもちろん、姿形も千差万別だが、共通点がひとつだけある。床下の車輪は例外なく新日鐵住金でつくられたものだ。その製造現場では巨大なプレス機や回転する鍛造機が、真っ赤に熱せられた鉄の素材を精密に加工する。国内の市場占有率100％の技術は海外へも進出。アメリカでは車輪メーカーを買収し、ドイツ、台湾、中国では高速鉄道にも使われている。さらにインドなど世界各国でも、文字どおり車両の縁の下を支えつつある。

強度、寿命に大きく影響する炭素含有量

さまざまな言語が飛び交う大阪のＪＲゆめ咲線（桜島線）。西九条駅からの乗客のほとんどは２つ先のユニバーサル・スタジオ・ジャパンを目指す。その手前、安治川口駅から徒歩5分。新日鐵住金の巨大な工場がある。正門に「製鋼所」の文字。地名などを冠していないところに日本で唯一の車輪製造所の自負を感じる。甲子園球場の13倍に匹敵する敷地では自動車のクランクシャフト、アルミホイールなどもつくられているが、敷地内にたくさんの丸い車輪が置かれ、一歩足を踏み入れただけで車輪工場とわかる。

２０１２（平成24）年、新日本製鐵と住友金属工業が合併し新日鐵住金が誕生する。住友金属工業の前身・住友鋳鋼所が１９０１（明治34）年、この地で船舶用などの鋳鋼製品の製造を開始。１９２０（大正9）年、それまで海外からの輸入に頼っていた車輪などの鉄道部品の製造を開始する。以来、車輪製造は後に合併する新日本製鐵の前身・八幡製鐵と2社で分け合う体制だったが、戦後の１９４９（昭和24）年、八幡製鐵が車輪製造から撤退。それ以降は国内唯一の車輪メーカーとして今日に至っている。

車輪は、古代の重要な発明のひとつといわれ、紀元前４０００年以上前から活用されている。その存在を示す最古のものがポーランドにある。同国南部、クラクフの考古学博物館は紀元前３５３０～３３１０年頃につくられた土器「Bronocice pot」を所蔵する。この土器の表面に四輪車と思われる図が描かれている。これが車輪の付いた乗り物の存在を示す最古の記録とされている。

1926年に設置された研究用の円形軌道（新日鐵住金提供）

　初期の車輪は木製の円盤だったが、木材の性質上、木の幹を輪切りにしたものは強度がなく、縦方向に切り出した板を丸くして使っていた。時代とともに素材が鉄に代わっても強度は重要だ。その強度を左右するもののひとつに、鉄に含まれる不純物がある。ここから生まれる車輪は、アメリカ鉄道協会が「世界一不純物が少ない」と評価する新日鐵住金和歌山製鐵所の銑鉄が原料だ。高炉から出た溶銑（ようせん）の炭素含有量は4〜5％もある。これを鋳型に流し込んだものがいわゆる「鋳物」で、製造は楽だがもろく壊れやすい性質を持つ。

　そのため「転炉」で溶銑に酸素を吹き付け、炭素含有量を減らす。この量も車輪の強度そして寿命に大きく影響する。

　どの程度の炭素含有量が最適なのか。これには長い歴史がある。１９２２（大正11）年、官民合同の車両研究会が発足。翌年には車輪の寿命延長に関する研究が鉄道省と当時の住友鋳鋼所で進められることになった。１９２６年には現在の「製鋼所」の敷地に軌間４３０㎜、直径24・４ｍの円形の軌道を設置。東京の山手線を模した２両の車両を時速11㎞で走らせ、種々の材質の車輪と軌道（レール）の組み合わせによる、摩耗量の調査を開始した。数年にわたる研究結果を同所の斉藤省三博士がまとめ、１９３０（昭和５）年のマドリード万国鉄道会議で発表。その内容は「車輪の炭素量を増やして硬さを上げるほど、車輪のみならず軌道の摩耗も減少する」という、それまでの常識を覆すものだった。以来、日本ではこれらのデータをもとに車輪の炭素含有量は０・６～０・７％が標準となった。ちなみに車軸は、レールとの接触などがないため、それほどの硬さを必要としない。そのため０・４％と柔軟性を重視した素材が使われる。

傾いた金型が決め手の回転技

　転炉で炭素含有量を調整しつつ、連続鋳造された直径約４５０㎜の円柱は、長さ２ｍに

車輪は1枚1枚、オペレーターによってプレス機に掛けられる

切断される。ここまでは和歌山で行われ、素材は船で「製鋼所」に送られてくる。円柱はまず、厚さ300㎜程度に切断され1250℃まで熱せられる。真っ赤な固まりは、最初のプレス機で9000トンの力を掛け座布団状に。同じプレス機で上下の金型を入れ換え、再び9000トンの力を掛けると大まかな車輪の形になる。次に真っ赤なまま縦に吊り下げられ、ホイールミルと呼ばれる圧延機へ。ここでは回転するロールが車輪のフランジ、リム部などの形状を整える（224ページ図1）。ここまでは車輪をつくっているところならどこでも行っている。この先に同社ならではの「匠の技」がある。回転鍛造だ。高速で回転する上下の金型の間で車輪の細部を成

プレス機で2回にわたって9,000トンの力を掛け車輪の原型をつくる

ホイールミルで加工される車輪の原型。左奥が加工前、右手前が加工後の車輪（新日鐵住金提供）

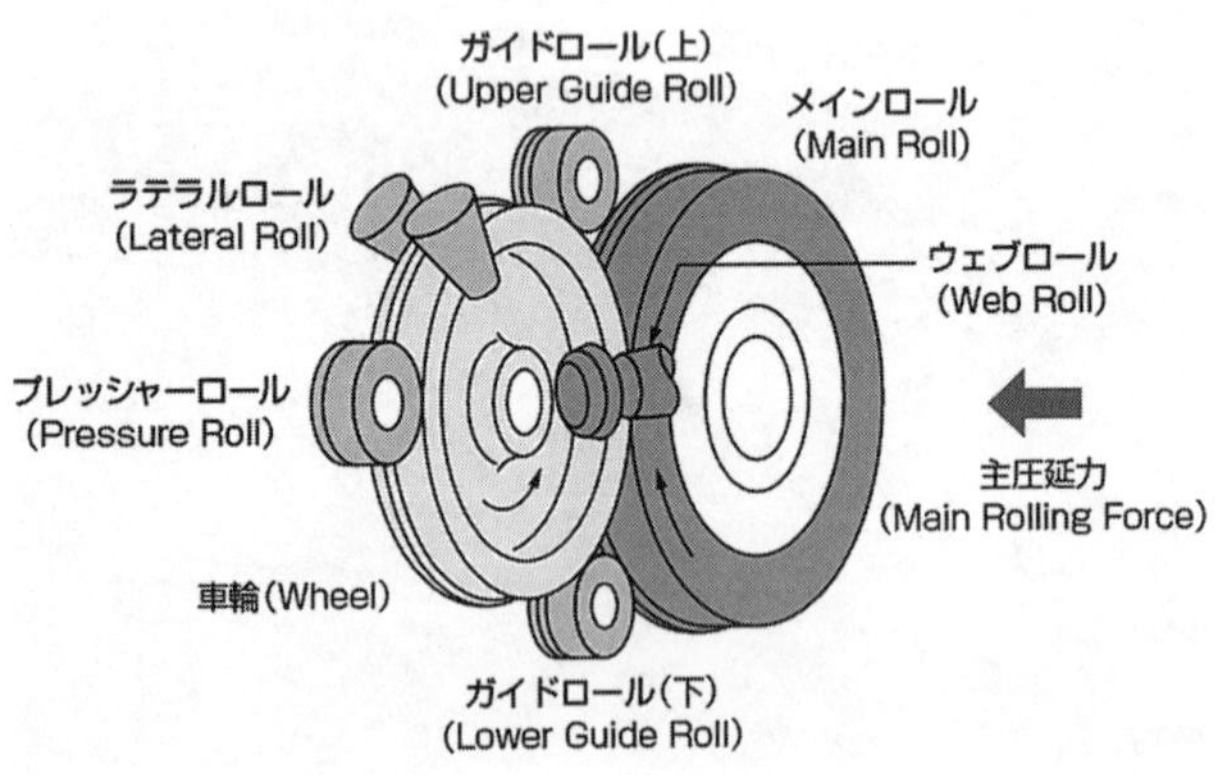

図1　ホイールミルの構造

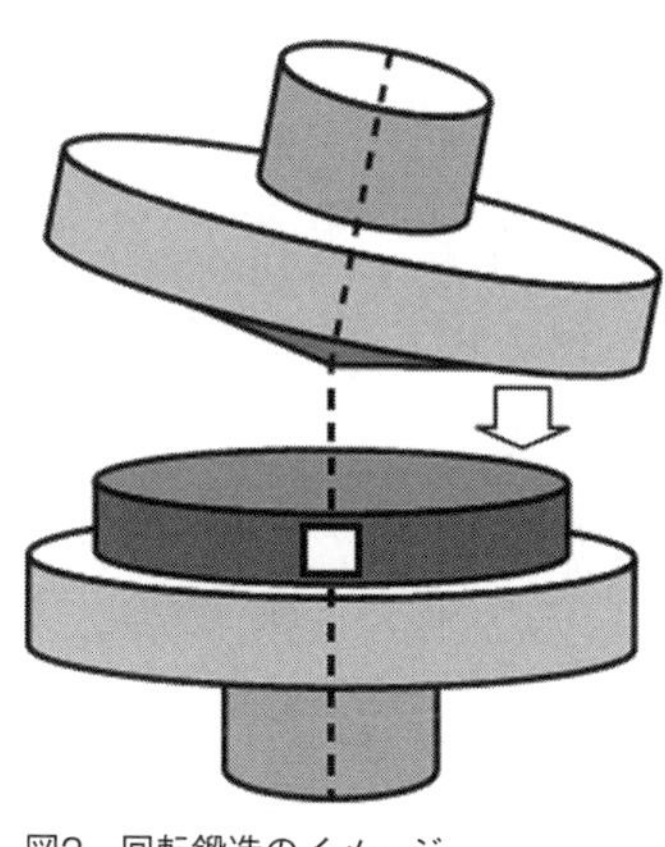

図2　回転鍛造のイメージ

型し、同時に車軸が入る穴をあける。回転だけなら珍しくないが、ここの機械は上の金型だけ中心軸が数度傾いている（上図2）。

新日鐵住金交通産機品事業部・製鋼所・輪軸製造部の竹下幸輝部長は「傾けることで上の金型は一部分だけで車輪面に接するため、700トンの力でも一極集中させることで1万トンプレス級の成形を可能にしている」と説明する。さらに一部分に力を集中させることでリム部とボス部を同心円状にし、板部の厚さを均一に効率よく成型できる。また「板部を波立たせるなど形状も思うがまま」と竹下部長。しかし「匠の技」には秘密が付き物だ。「見る人が見れば構造がわかってしまう」（竹下部長）だけに写真はもちろん、何秒程度、機械に掛けるかなどの詳細も書くことはできない。

この車輪用回転鍛造機があるのは世界で2カ所だけだ。1台は同所で、もう1台は同社が買収したアメリカ・ペンシルバニアの工場だ。

車輪の形になった素材は、1日程度かけて自然に冷やされる。その後、再び熱せられ、レールに触れる部分でとくに硬さが求められる踏面に、焼き入れ加工が施される。最後が機械加工だ。新幹線が時速320kmで走行しているとき、車輪は1秒間に33回転する。高速で回転する車輪はレールに吸い付くように回らなければならない。そのため、切削機が直径の誤差を0・2mmまで、極めて精密に削り込む。

さらに新幹線用はひと工夫が。外見は在来線用と大差ないが、新幹線は高速化と軽量化が求められている。そのため車軸の中心に直径6cmの穴があいている。空洞化することで、1本当たり約50kgも軽くなる。さらに鉄道会社は、車軸の目に見えない亀裂を発見するため超音波による探傷作業を行っている。空洞化で軸の内側からも全長にわたって検査できるようになり、安全性の向上にも一役買っている。

2倍の寿命がアメリカの貨物輸送を支える

同社の車輪は国内にとどまらない。2011（平成23）年、アメリカのスタンダードス

車軸の装着された完成品。左奥にはC11形蒸気機関車用の動輪も見える

チール社を買収。並行してアメリカの貨物向けに寿命が長い車輪を開発した。総延長22万㎞と世界最大の鉄道王国・アメリカはその大半が貨物鉄道で、貨車を100両以上連ねた列車が全米を行き交う。車両そのものも日本に比べはるかに大型で、そこにコンテナを2段重ねに積むなど、車輪やレールへの負担は大きい。同社は素材の炭素含有量を増やして強度を高め、かつ耐久性を維持し、これまでに比べ寿命が約2倍の車輪を提供している。

一方、ヨーロッパの車輪は伝統的に日本に比べ炭素含有量は低い。このためドイツなどでは、高速列車などを中心に車輪の一部が摩耗するなど、乗り心地に直結する障害も発生。そのための対策を迫られていた。そのなかで

できあがった車輪で埋め尽くされた工場内（新日鐵住金提供）

日本の炭素含有量に注目。同社は2009（平成21）年からドイツのICEなどの高速車両用に7000枚以上の車輪を提供している。

同社の車輪の年間生産能力は約20万枚。このうち国内で消費されるのは同10万枚程度。残りの10万枚前後にアメリカのスタンダードスチール社の生産量30万枚を合わせると40万枚以上は海外市場へ。これに対し世界の車輪メーカーの総年間生産量は同社を含め500万枚だ。この数字に竹下部長は「世界的に見て車輪は供給過剰で、輸出するのもそれほど簡単ではない」と言いつつ、今後について「鉄鉱石の原料などは重く、運ぶ貨車の車輪には耐久性が求められる。その意味からオーストラリア、ブラジルなど資源国ではアメリカで培った技術が活かせるのでは」とも。シェア100%の技が世界で存在感を増しつつある。

新日鐵住金㈱

設立年　1950年
（2012年に新日本製鐵と住友金属工業が合併）
資本金　4,195億円
年　商　4兆6,328億円（2017年3月期連結）
代表取締役　進藤孝生
従業員数　92,309人（2017年3月期連結）
※『JRガゼット』2018年2月号掲載時
※2019年4月1日より日本製鉄㈱に商号変更

おわりに

「匠の技」を訪ねる旅は、2017年2月、真冬の風が吹きすさぶ、山口県のJR山陽本線下松駅からはじまりました。それから約2年、一軒一軒訪ね歩き、ものづくりの現場を拝見させていただきました。いずれも忘れがたい現場ばかりですが、高野山からほど近い山間地にある工場が特に印象に残っています。第一章に登場する住江織物の指定工場の萱野織物です。モケット専用の織機が2台休みなく稼働し、機械の関係からか、冷房もままならない職場で、額に汗し、とある特急車両の座席のモケットを織り続ける姿に、ものづくりの原点を見させていただいた思いです。

また、ものづくりの現場は「鉄道を支える企業秘密」、と連載の主題を変えてもいいと思うぐらい「企業秘密」がいっぱいでした。

「ここから先はちょっと……」「成分についてはご容赦……」。読者になるべく詳しくお伝えしたいと思う筆者の前に、毎回のように大きな壁が立ちはだかりました。「はじめに」でも書きましたが、この業界は参入が難しく、その分、各社が独自の技術を持ち、市場占有率（シェア）は、どこもかなりのパーセントを占めています。「競争相手のいない世界なら、もう少しお話を」というこちらの質問に返ってきたお答えは、「記事にされるのは構いませんが、写真は」。「なぜ」の問いに「見る人が見れば、あれはああやってつくっていたのか、と一発でわかってしまう」、「含まれる物質については、『企業秘密』とお書きいただけますか」などなど、お読みになられた読者は、きっともどかしい思いをされたことと思います。

しかし、ものづくりの現場が自らの「技」を秘匿するのは、取材していて理解できました。情報化社会はちょっとした油断から、ネットワーク上に配信されれば瞬時に地球の裏側まで行き渡る世の中です。また、苦労して考え、製品化し売り出したところ、「これはいける」と見た大企業に、トンビのごとく「油揚げ」をさらわれた話もお聞きしました。経営者にとっては守らなければ、自らの存続が問われる事態になりかねない、そんな秘密もあるようです。さらにライバルは国内だけではありません。日本の高い技術は常に地球規模でねらわれているようです。

その日本の鉄道はいま、大きな曲がり角にさしかかっていると思います。そのひとつが今更とは思いますが、自家用車の普及です。本書には登場しませんが、あるローカル線の線路際に建つとある企業の、鉄道関連の部品をつくる工場の全従業員は約400人。そのなかで電車通勤している社員はたったの5人。近くを通る鉄道会社から大量の部品を受注しているのに。ここに鉄道会社の苦悩が如実に表れています。さらにそれに加えての少子高齢化は都市部の乗客減にもつながりかねません。そんな環境のなかでの次の一手はなにか。それを知りたくて、『JRガゼット』（交通新聞社）で「鉄道を支える匠の技」の連載を続けてまいりました。本書に掲載したのは、そのうちの2017年4月号から2018年12月号までの20社です。なお、原稿の一部に重複するところがありますが、原文を優先させていただきました。同企画は現在も同誌上で続いております。機会がございましたら、書店などでお手にとっていただければ幸甚です。

最後になりましたが、本書を執筆するにあたり、それぞれの会社の皆様から懇切丁寧なご説明を受けました。改めてこの場をお借りして、御礼申し上げます。また、当初、雑誌の企画の立ち上げにご尽力いただいた、交通新聞クリエイトの林房雄顧問、交通新聞社JRガゼット編集部の鈴木章子副編集長、また、取材の段取りをお取りいただき、雑誌の編集をご担当いただいた、交通新聞社第2出版事業部の高田博之主幹、交通新聞クリエイトの鈴木孝知氏、さらに書籍化にあたり、交通新聞社第2出版事業部の小日向淳子課長、同、平岩美香氏の皆様にお世話になりました。改めて御礼を申し上げます。

参考文献

◇㈱山下工業所

山下　竜登「新幹線の顔をつくり出す打ち出し加工技術」（2011年10月自動車技術第65巻第10号、自動車技術会）

竹下　春日「塑性加工の現場を訪ねる・第5回株式会社山下工業所」（2013年1月号塑性と加工№624号、日本塑性加工学会）

「企業紹介50株式会社山下工業所」（2008年5月25日やまぐち経済月報通巻397号、山口経済研究所）

「くだまつ百科」（2015年11月、市制施工75周年記念要覧、山口県下松市）

◇㈱五光製作所

「船用工業の底力第8回五光製作所」（2013年5月号COMPASS第32巻第3号通巻195号、海事プレス社）

◇住江織物㈱

小谷　宏志「第1回『ECHO CITY製品大賞』に住江織物のECOSシリーズ」（2014年2月25日NIKKEI ARCHITECTURE第1018号、日経BP社）

「『燃えています』住江織物社長・近藤貞彦さん　国会の赤じゅうたんを作った最大手」（2001年3月8日、毎日新聞大阪夕刊）

◇弘木工業㈱

落藤　伸夫「企業訪問レポート　最新鋭の鉄道車両を裏側から支える　弘木工業株式会社」（2008年9月信用保険月報第51巻第9号、中小企業総合研究機構）

◇清和工業㈱

渋谷　康雄「特集　乗り物の空調機器4・1鉄道車両用空調装置」（2001年8月号冷凍第76巻第886号、日本冷凍空調学会）

◇㈱新陽社

「70年のあゆみ」（２０１６年10月1日、新陽社）

中林　充重「[わたしの会社] ㈱新陽社の巻」

（２００６年7月鉄道と電気技術第17巻第7号通巻６９９号、日本鉄道電気技術協会）

「[会員紹介] 株式会社新陽社」

（モノレール２０１１年、通巻１２０号、日本モノレール協会）

◇㈱ユタカ製作所

「抄史」（１９９８年9月8日、㈱ユタカ製作所）

谷野　利夫「ユタカ製作所ジャンパ連結器・電気連結器等の技術」

（２０１０年3月31日鉄道車両と技術第15巻第12号通巻１６３号、レールアンドテック出版）

◇大和軌道製造㈱

丸山　元祥「保線関係用品のからくり、ポイントの構造と種類」

（２０１１年2月新線路第65巻第2号通巻７６７号、鉄道現業社）

同「保線用品のからくり、タイプレートのできるまで」

（２０１２年12月新線路第66巻第12号通巻７８９号、鉄道現業社）

同「保線を支えるサプライヤー　大和軌道製造株式会社」

（２０１５年1月新線路第69巻第1号通巻８１４号、鉄道現業社）

森　敏博・小西　勝成「保線関係用品のからくり、PCまくらぎ分岐器」

（２０１１年6月新線路第65巻第6号通巻７７１号、鉄道現業社）

石本　祐吉「分岐器の製造現場　大和軌道製造㈱を訪ねる（前）（後）」

（２００７年9、10月金属第77巻第9・10号通巻１０５２・１０５３号、アグネス技術センター）

◇関東分岐器㈱

鬼　憲治・北原　勇「鉄道総研だより　38番分岐器の技術開発」

（1996年10月号新線路第50巻第10号、鉄道現業社）
主田　和嗣「保線を支えるサプライヤー　関東分岐器株式会社」
（2014年6月号新線路第68巻第6号通巻807号、鉄道現業社）
羽賀　修「成田スカイアクセスの38番分岐器」
（2010年6月号新線路第64巻第6号通巻759号、鉄道現業社）
児山　計「鉄道関連企業第3回関東分岐器株式会社」
（2006年10月号ｊｔｒａｉｎ第20巻第16号、イカロス出版）
金盛　正樹「分岐器技師　鉄道を守る人々」
（2007年10月号ｊｔｒａｉｎ独立創刊号通巻27、イカロス出版）
及川　祐也「鉄道技術　来し方行く末　第52回分岐器」
（2016年9月号ＲＲＲ第73巻第9号、鉄道総合技術研究所）

◇㈱ファインシンター
「ファインシンター60年史」（2013年3月、ファインシンター）
「鉄道技術　来し方行く末　第30回パンタグラフのすり板」
（2014年9月ＲＲＲ第71巻第9号、鉄道総合技術研究所）

◇ハードロック工業㈱
若林　克彦「保線を支えるサプライヤー　ハードロック工業株式会社」
（2017年11月号新線路第71巻第11号、鉄道現業社）
高橋　武男「奇跡のネジ」（2018年7月27日、幻冬舎）
田中　淑晴「精密工学の最前線　ハードロック工業」
（2015年7月号精密工学会誌第81巻第7号通巻967号、精密工学会）
福永　雅文「一点突破の経営　ハードロック工業株式会社社長若林克人氏」
（2014年4月月刊ニュートップリーダー第6巻第4号通巻55号、日本実業出版社）

「関西経営者列伝」（２０１８年４月、産経新聞大阪本社）

◇㈱システムアンドデータリサーチ

中村　豊「リアルタイム地震防災　―ユレダスの開発―」（２００４年11月15日）

◇㈱マルイチ

藤田　一郎「新時代の創業　小さな開業が支える鉄道の安全　㈱マルイチ代表取締役社長岩佐治樹」

（２０１６年１月５日№０８８日本政策金融公庫調査月報通巻６５７号、日本政策金融公庫）

◇東京計器レールテクノ㈱

「鉄道を支える人・モノ・技術　東京計器レールテクノ」

（２０１１年３月５日週刊東洋経済通巻６３１３号、東洋経済新報社）

◇㈱日本線路技術

戸矢　真琴「３００㎞／h領域に向けた軌道整備方法の一考察」

（２０１０年10月号新線路第64巻第10号通巻７６３号、鉄道現業社）

柵木　直人「保線技術講座の開設」（２０１８年８月新線路第72巻第８号、鉄道現業社）

◇コミー㈱

小宮山　栄「コミーは物語をつくる会社です。」（２０１３年６月27日、コミー）

同「仕事学のすすめ　競争しない中小企業の経営術」

（２０１１年12月１日、ＮＨＫ出版）

同「ＫｏｍｙＳｈｏｒｔＳｔｏｒｙ」（２０１７年６月10日、コミー）

同「ＫｏｍｙＳｈｏｒｔＳｔｏｒｙ Vol.２」（２０１８年11月９日、コミー）

同「死角をなくすミラーの種類と使い方」

（１９９７年12月設備と管理第31巻第12号、オーム社）

野長瀬　裕二「ニッポンのモノづくり通信簿　埼玉県川口市　コミー株式会社」

（２０１３年９月コロンブス８月号増刊通算５８９号、東方通信社）

◇山口証券印刷㈱
「キラリ☆試作・受託加工　山口証券印刷」
（2012年6月号コンバーテック第40巻第6号通巻471号、加工技術研究会）
乾　誠二「交通資料に見る印刷の変遷～鉄道乗車券と印刷機」（2008年日本印刷学会誌第45巻第4号）
◇㈱高見沢サイバネティックス
小林　俊之「シリーズ：ホーム柵・ホームドア〔4〕」
（2013年11月号鉄道車両と技術第19巻第11号通巻207号、レールアンドテック出版）
三井　哲「経営者に聞く　明日への指針Vol.9」
（2017年6月経済月報　第398号、長野経済研究所）
◇新日鐵住金㈱
石塚　弘道「鉄道技術　来し方行く末　第2回材料強度からみた車軸と車輪」
（2012年5月号RRR第69巻第5号、鉄道総合技術研究所）
山口　透「オンリーワン探訪　住友金属工業製鋼所　鉄道車輪と車軸」
（2011年11月4日、毎日新聞大阪朝刊）
「鉄道車輪、寿命2倍」（2013年6月6日、日本経済新聞朝刊）
「高機能鍛造品を現地生産」（2016年6月16日、日本経済新聞朝刊）
「住金、高速鉄道車輪を独に供給」（2009年6月25日、日本経済新聞朝刊）
上坂　欣史「鉄道車輪、究極の精度」（2016年5月30日、日経産業新聞）

本書は『JRガゼット』2017年4月号～2018年12月号を再編集しています。

各企業の概要並びに、施設などの名称その他は、雑誌掲載時のものをそのまま使いました。

青田　孝（あおた たかし）
日本大学生産工学部機械工学科で鉄道車両を学び、卒業研究として1年間、国鉄鉄道技術研究所に通う。卒業後、毎日新聞社入社。メディア関連を担当する編集委員などを歴任し、現在は日本記者クラブ会員としてフリーランスで執筆活動中。著書に『ゼロ戦から夢の超特急』『箱根の山に挑んだ鉄路』『蒸気機関車の動態保存』『ここが凄い！ 日本の鉄道』（以上、交通新聞社新書）、『ブランドになった特急電車』（KOTSUライブラリ）。

交通新聞社新書134

鉄道を支える匠の技

訪ね歩いた、ものづくりの現場

（定価はカバーに表示してあります）

2019年6月14日　第1刷発行

著　者——青田　孝
発行人——横山裕司
発行所——株式会社　交通新聞社
http://www.kotsu.co.jp/
〒101-0062　東京都千代田区神田駿河台2-3-11
NBF御茶ノ水ビル
電話　東京（03）6831-6550（編集部）
東京（03）6831-6622（販売部）

印刷・製本—大日本印刷株式会社

ISBN978-4-330-97119-3